装备保修数据分析与决策

董恩志　荣丽卿　主编

国防工业出版社
·北京·

内 容 简 介

本书系统阐述了装备保修数据分析与决策的基本问题和解决办法，分析了装备保修数据分析与处理以及装备保修建模理论与方法，分别研究了装备保修期内计划维修、视情维修和预测维修建模的主要方法。

全书共分为6章，第1章系统介绍了装备保修相关概念、装备保修特点以及装备保修与维修的关系；第2章归纳了装备保修决策理论基础，包括装备保修类型分析、装备保修模式分析、装备保修策略及建模理论；第3章阐述了装备保修数据分类、来源、收集方法、分析及建模方法等；第4~6章研究了装备保修决策中计划维修策略、视情维修策略和预测维修策略的运用问题。

本书可作为高等院校教学科研人员从事装备保修决策教学科研的参考用书，也可以作为装备科研生产单位人员系统学习装备保修决策理论与技术的学习参考资料。

图书在版编目（CIP）数据

装备保修数据分析与决策 / 董恩志，荣丽卿主编.
北京：国防工业出版社，2025. 8. -- ISBN 978-7-118-13840-5

Ⅰ. E145-39

中国国家版本馆 CIP 数据核字第 2025G31E46 号

※

国防工业出版社出版发行

（北京市海淀区紫竹院南路 23 号 邮政编码 100048）

北京凌奇印刷有限责任公司印刷

新华书店经售

*

开本 710×1000 1/16 **印张** 13½ **字数** 170 千字

2025 年 8 月第 1 版第 1 次印刷 **印数** 1—1300 册 **定价** 92.00 元

国防书店：（010）88540777 书店传真：（010）88540776

发行业务：（010）88540717 发行传真：（010）88540762

本书编写组

主　编　董恩志　荣丽卿
副主编　白永生　岳　帅
编　写　刘　彬　王　宇　张　宇
李　震　王荣财　高新建
朱　博　高丽丽　李　婧

前　言

当前，大批新型装备列装部队，这类装备大多是高技术集成体，涉及学科专业多，维修保障难度大，对我军装备维修保障工作提出了更高要求。当前形势下，仅依靠部队建制维修保障力量已不能完全满足新型装备的维修保障需求，如何引入承制单位这一地方保障力量开展装备维修保障工作，成为当前我军装备保障领域研究的热点问题。保修是指在装备售出后的规定时间和规定条件下，承制单位为使装备保持、恢复或改善到规定技术状态所进行的全部活动。实施保修是引入承制单位维修保障技术力量的重要途径，通过实施保修将承制单位这一地方保障力量有效嵌入到装备维修保障系统中，以满足部队对装备战备完好性和任务成功性的需求。

维修工作是保修的具体内容，保修效果的好坏由维修工作决定。在军队实战化训练背景下，装备动用频率增加，工作环境更加复杂，装备发生故障的可能性也逐渐增加。装备在运行过程中发生故障会造成严重的任务性、经济性和安全性后果，因此，如何开展科学有效的预防性维修工作，在故障发生前“防患于未然”，确保装备正常运行，避免严重事故发生，是当前军队装备保障领域亟待解决的现实问题。预防性维修工作可分为计划维修和视情维修，预测维修则是在视情维修的基础上发展而来，是当前较为先进的维修技术形态。当前，在保修中考虑计划维修的研究较多，考虑视情维修和预测维修的研究仍然较少。计划维修工作属于传统的预防性维修工作，其优点是基于时间安排维修计划便于实施，但由于没有充分利用装备的状态信息，一定程度上会导致过度维修，而视情维修和预测维修可有效避免这一问题，为实现“精准维修”提供了技术支撑。

本书是在我们过去承担的装备保修与维修决策相关的科研项目和研究生学位论文研究工作的基础上，进一步归纳和系统化总结提炼而成的。在对国内外相关研究进行分析和归纳的基础上，考虑装备维修保障特点和装备维修保障过程中的难点和痛点问题，深入剖析装备保修的内涵，研究装备保修系统的内在规律，结合装备保修的实际需求，深入研究装备保修数据收集、分析与处理问题，系统分析如何结合计划维修、视情维修和预测维修制定科学的装备保修决策，侧重研究保修决策模型建立，优化算法设计和最优方案生成等关键方法与技术，并依托已有条件和实验环境，采用案例进行验证，提出了比较合理的装备保修决策方法。

作者在撰写本书的过程中参阅了许多文献，在此向各位文献作者表示感谢。由于编写时间仓促，加之作者水平有限，有些问题的研究深度还相对不够，书中难免存在疏漏和错误，敬请各位读者批评指正。

作　者
2025 年 2 月于石家庄

目　　录

第1章　装备保修导论

1.1　装备保修相关概念

1.1.1　保修概念

保修是生产者对购买者的保证，代表着产品或服务。保修被认为是产品或服务销售后，买家和生产商之间订立的合约。

一般来说，保修的目的是让生产商对产品在正常使用时发生的故障或是不能完成预期功能的事故负责。如果故障发生或是性能不良时，这份合同规定了期望性能和对买家能得到的补偿。保修是向买家保证在规定时间内，产品在正常使用时能够完成规定的功能。

保修与保证通常看作同义词。两者的区别是：保证通常定义为承诺或是对某事的担保；保修是保证的一种特殊类型，即关于物品或卖家提供给买家的服务的一种保证。另外一个相关概念是服务合同或是延期保修。保修和服务合同（延期保修）的区别在于：后者是自愿购买的，即买家可以自己选择；而基本的保修是产品购买时的一部分，是交易的一部分。

1.1.2　产品保修

目前，对保修的定义有很多。对民用产品而言，保修是在产品销售时所产生的销售商（或制造商）应负担的一种合同义务，明确了在产品销售后规定时间内制造商需要补救的产品缺陷和修复的产品故障。从销售商角度看，保修是销售商给购买方关于产品或服务的一种保证，是购买方和销售商（或制造者）之间在产品销售或服务销售时生效的协议。从消费者角度看，消费者向制造商购买商品的同时从制造商处得到的一种服务，该服务是制造商针对产品在一定期限内因产品质量问题出现的故障，提供免费维修及保养的服务，但要收取消耗零备件的成本费。对军用装备而言，保修是承制单位在一定利润基础上，在合同规定期内为使装备系统满足规定战术性能需求向军方提供的装备保障服务。

1.1.3 装备保修

我军在 GJB1405A－2006《装备质量管理术语》中规定保修是在装备售出后供方向军方提供的技术支援活动，可以有偿也可以无偿。供方一般包括承制单位、装备服务或信息的提供方等。在国家军用标准 GJB/Z 2A－2017 中定义了保证期，指出保证期就是承制单位对其产品实行包修、包换、包退的责任期限。在规定条件和使用条件下出现的质量问题，由承制单位无偿进行修复或更换；在规定条件和使用条件外出现的质量问题，承制单位应使用单位要求，给予有偿服务。

1.1.4 保修期

保修期，又称保证期、质量保证期，是军队常用的概念。部分学者认为“保证”和“保修”的含义基本相同，这种观点有待商榷，本书认为，“保证”和“保修”两个概念的内涵有所区别。保修是军方和承制单位的一种合同化的协议，合同从军方购置装备后生效，而保证是表示在一段规定时间内装备发生问题时，承研、承制单位要做的一些必要的补救措施。例如，发动机如果在保修期内发生问题，承制单位要承担维修责任。因此，保证陈述的是承制单位的装备不能达到保修承诺情况下所要承担的责任。综上所述，本书对装备保修定义为：

在装备售出后的规定时间和规定条件下，承制单位为使装备保持、恢复或改善到规定技术状态所进行的全部活动。

其中，规定时间和规定条件即为合同中规定的保修期和相关约束条款。从定义中可以看出，保修实质上体现了军方与承制方之间具有法律效用的一种契约关系，是装备列装后承制方参与装备保障活动的重要途径，其目的是明确在规定时间内当装备失效或将要失效时承制单位所要负起的责任。装备保修内容如图 1－1 所示。

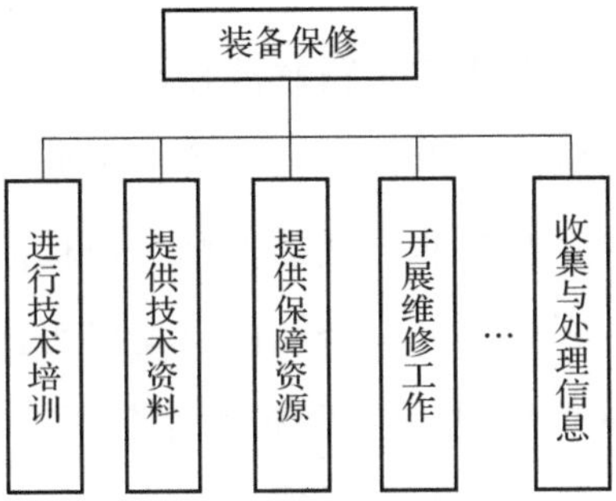

图 1－1　装备保修内容

1.2　装备保修特点

根据商品自身特点，可将商品大体分为一般民用商品、大型工业设备和军用装备三类。下面对三类商品的保修进行概要性分析，对比总结装备保修特点。

1.2.1　一般民用商品保修

对于一般民用商品而言，同类商品的制造商较多，市场竞争较激烈，制造商面对需要服务的消费者人数也较多，一个制造商要对多个消费者提供保修，同类商品制造商和消费者在保修中的关系如图 1－2 所示。

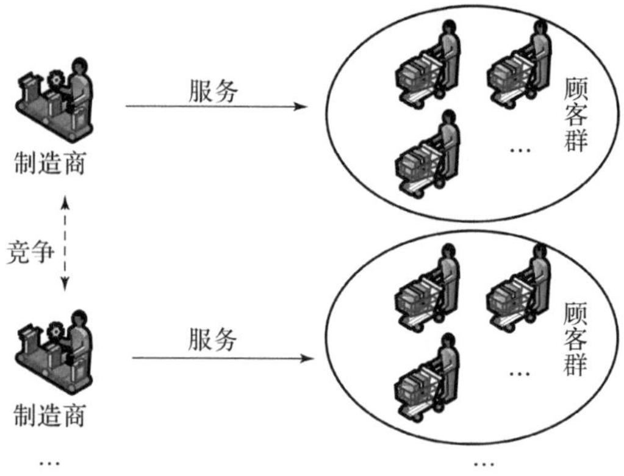

图 1-2　一般民用商品保修关系

一般民用商品可以分为消耗品和非消耗品两类。消耗品包括食品、化妆品等，非消耗品包括电脑、电视、汽车等，因此可将一般民用商品的保修进一步细分为消耗品保修和非消耗品保修。消耗品的保修主要侧重于保修期内商品质量是否达到标准，保修期内以免费更换策略为主。消耗品保修期一般称作产品质量保证期，且保修策略较简单，保修仅由制造商负责。非消耗品保修主要侧重于保修期内商品的性能是否达到标准。由于不同非消耗品的结构复杂程度、科学技术含量差距较大，因此不同的非消耗品适用的保修策略也不尽相同。

在一般民用商品的保修中，消费者主要关注保修期内商品是否能满足自己的使用需求。有时制造商为了扩大自己的销售额和市场占有率，会在保证自己盈利的前提下，牺牲一定的利润空间，为消费者提供保修服务。但制造商一般是综合考虑一个消费者群的整体需求来优化保修策略，单个消费者对制造商保修决策的影响能力很小。消费者一般不具备对非消耗品的维修能力，需要依靠制造商或者第三方的力量对商品的性能进行维护。例如，对汽车的维修由制造商或相应汽车 4S 店负责。

1.2.2　大型工业设备保修

大型工业设备（如商用飞机、液压机、生产设备等）的价值主要体现在产能（如飞机载客数量、生产设备、生产产品数量等）的输出情况。大型工业设备保修的目标主要是维护设备的产能，保持设备正常运作。大型工业设备保修中考虑因素较多，不同的工业设备，其保修工作复杂程度不同，适用的保修策略不同。一些大型设备可能由一个主制造商和几个分制造商共同生产。这时，设备保修由主制造商主体负责，其他分制造商辅助主制造商，为主制造商提供零件供应等。大型工业设备的购买方会一定程度上影响设备制造商的保修决策，在设备保修条款制定过程中具有一定的话语权。一般情况下，设备购买方自身具有一定的设备维护能力。但随着市场竞争愈加激烈，很多企业为了更好地集中力量提高自身生产技术、降低设备维修成本、提高设备维修质量，开始对自己原来臃肿的维修部门进行缩减，并将设备的维修任务外包给设备制造商或第三方力量。企业大型设备维修任务外包流程如图 1－3 所示。

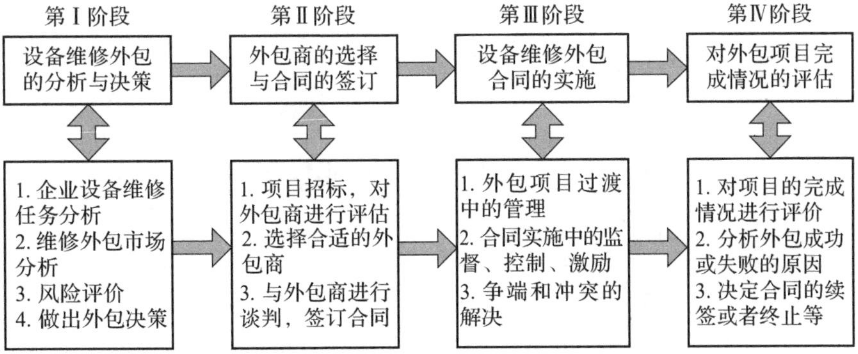

图 1－3　大型设备维修任务外包流程

当制造商承担企业设备维修任务外包工作时，制造商提供的服务就属于保修的范畴，双方签订的外包合同就是保修合同。在第Ⅱ阶段选择外包商中，设备制造商对设备各项研制性能较熟悉，技术力量最强，是首选外包商。

1.2.3　军用装备保修

根据国防需求和作战需求研制生产的军用装备，品种较多，小到枪支弹药，大到火炮雷达系统等。对于一些传统老装备，如枪械、牵引式火炮、油机电站等，军方经过多年维修经验累积，已可以独立对其进行维修保障。但对于一些结构复杂、专业集成度高、维修难度大的大型新型装备，如新型炮兵侦校雷达、新型防空导弹系统，单纯依靠军方自身保障力量难以完全满足装备保障需求，并且其他军地维修机构由于技术壁垒难以介入，仍需装备承制单位负责这些装备系统的深度修理、重大专项任务保障等工作。

另外，对一些“小、零、散”的新型装备，依靠军方力量进行的装备维修保障成本高昂，需要借助承制单位提供装备保修减轻军方保障负担。军方和承制单位之间的对应关系有可能一对一，也可能一对多。一些小型装备，一般只有一个承制单位；而对于一些大型装备，可能会有一个主承制单位和若干分承制单位（配套厂家），如图 1－4 所示。

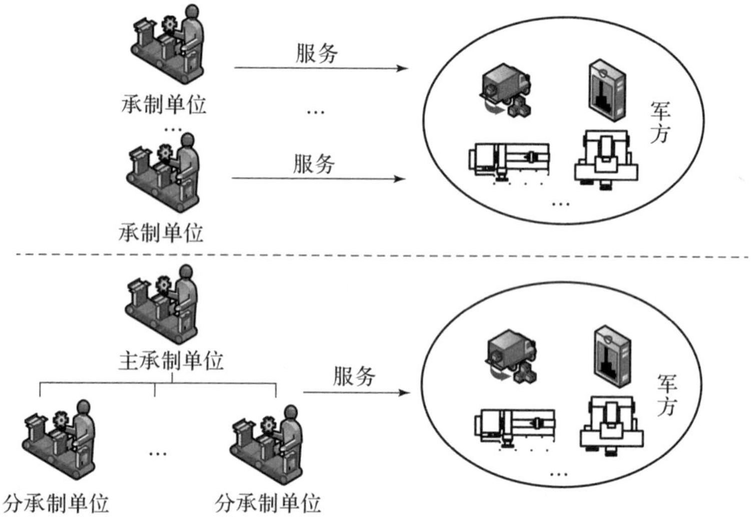

图 1－4　军用装备保修关系对应

军用装备的价值在于其实现作战指标的能力，因此，军用装备保修不仅需要考虑保修费用，还要考虑装备在保修期内装备任务可靠度、使用可用度等。不同的装备，复杂程度不同，适用的保修策略也有所不同。有时，军方甚至会牺牲一定的经济效益来换取更好的军事效益。而且，军方对装备性能的需求在装备承制方制定保修条款时具有很大的影响力，军方在保修决策中更具有话语权。与传统维修决策不同，装备保修决策过程中需要考虑军方和承制单位共同利益，装备保修是军队和承制单位双方博弈的结果。尤其在装备竞争性采购中，装备保修可作为选择承制方的重要内容之一。

军方考虑的保修，是从装备全寿命周期角度出发，主要关注保修的全局优化问题和保修带来的军事效益。军方需要在经济可承受下最大程度地调动承制单位的积极性，利用承制单位为军方形成装备维修保障能力提供支持或为军方分摊维修保障任务。承制单位考虑的保修，是从经济效益角度出发，主要关注的是保修成本和保修的盈利情况。双方的利益在某些程度上是冲突的，但也可以通过合理决策达到双方的互利共赢。装备保修对象有时是整个装备系统，有时仅为装备系统中的分系统或关键件。

分析对比这三类产品保修特点，具体结果如表 1－1 所示。

表 1－1　三类产品保修特点分析

特点	一般民用商品保修		大型工业设备保修	军用装备保修
	消耗品	非消耗品		
产品特点	寿命周期较短，体积较小，生产数量多，地域分布广	寿命周期较长，体积一般不大，生产数量较多，地域分布广	寿命周期长，体积大，结构复杂，生产数量较少	寿命周期有长有短，体积有大有小，生产数量有多有少，地域分布有些较为集中，有些较分散

续表

特点	一般民用商品保修		大型工业设备保修	军用装备保修
	消耗品	非消耗品		
产品制造商特点	制造商之间竞争激烈	制造商之间竞争激烈	制造商较少，竞争不太激烈	制造商较少，竞争不太激烈
产品购买方特点	消费者对产品不具有保障能力。单个消费者对制造商制定保修策略的影响度较低	个体消费者，消费者对产品不具有维护能力，需要借助承制方或第三方维修机构对产品进行维护。单个消费者对制造商制定保修策略的影响度较低	企业，对设备具有一定的维护能力。企业需求对保修策略有一定的影响	建制部队，对装备具有一定的维修保障能力。军方和承制单位进行博弈，共同制定保修策略
保修策略特点	策略单一，产品消耗完，保修终止	种类较多	种类较多	种类较多
保修目标特点	质量符合标准	产品功能能够满足消费者需求	设备性能能够满足企业产能需求	装备性能能够满足军方平时训练需求和作战需求
保修期长度特点	长度较短	长度较短	长度较长	长度较长

续表

特点	一般民用商品保修		大型工业设备保修	军用装备保修
	消耗品	非消耗品		
保修作用特点	确保产品质量	确保产品功能	确保设备产能	确保装备性能，辅助军方进行装备维修保障力量建设
保修对象特点	对象为整个产品，整个产品的保修策略统一	对象为整个产品，有时对产品中不同的组件采用不同的保修策略	对象为整个设备，有时对设备中不同的组件采用不同的保修策略	初始保修的对象为整个装备，延伸保修对象可能是整装也可能是关键件。不同关键件的保修策略有可能不同

1.3 装备维修与保修的关系

维修是指为保持或恢复产品处于能执行规定功能的状态所进行的所有技术和管理。维修是保修工作得以实施的具体表现，保修的效果最后通过维修效果实现。二者具体关系为：维修是实施保修中的具体工作，保修决策包括对维修策略的选择和保修策略的选择，保修决策的核心工作为保修策略和维修策略的结合，得到最优的保修工作效果。为此，维修在保证产品质量、可用度、可靠性等方面起到极其重要的作用。根据维修发生的时间，维修策略可分为修复性维修策略和预防性维修策略。

修复性维修策略也叫故障后维修，指的是当产品或系统发生故障后，通过一定的技术手段使其恢复到规定或初始状态的过程。一般而言，按照维修后系统状态恢复的程度不同，修复性维修策略通常可分为完全维修、不完全维修和最小维修三种。在不同维修策略下，系统故障率 $\lambda(t)$ 变化曲线如图 1－5 所示。

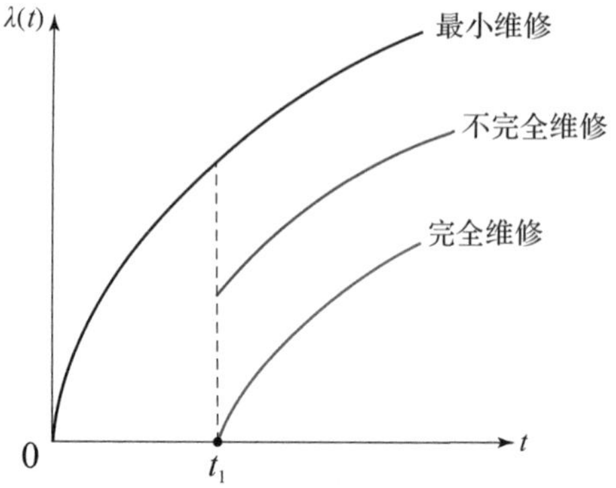

图 1－5　不同维修策略对系统故障率的影响

由此可见，修复性维修策略的选择会对保修成本造成很大的影响。目前，针对保修期内采用修复性维修策略的研究较多，且主要对故障更换或最小维修进行决策建模，以求解系统的最低保修成本或追求最大化效益。随后，在三种修复性维修策略的基础上，又进一步发展出了完全维修、不完全维修和最小维修的组合策略，在保修期内同时存在多种修复性维修策略，并通过优化建模得到使保修成本最低的维修策略组合。

预防性维修策略是指在系统发生故障之前对系统所执行的维修活动，能够有效降低系统的故障率并提高系统的可靠性。根据预防性维修利用的信息类型，预防性维修可进一步分为计划维修和视情维修，计划维修是指通过对故障时间进行统计分析得到的故障概率、寿命分布等特征参数，并据此对维修活动进行调度。相对于修复性维修，该维修方式的优势在于通过一系列的维修操作（如检测、维修、更换、清洗、润滑等）来提高系统的可靠性，降低故障发生率，提高生产效率。当前，国内外学者对于计划维修决策开展了大量研究，建立了很多关于维修间隔期的优化模型。与此同时，也有很多文献针对维修间隔期不确定的计划维修开展了建模研究，建立了序贯预防性维修决策模型。

计划维修属于传统的维修决策方法，主要是基于装备失效时间数据建立相关模型。通过对大样本寿命试验数据进行统计分析，从而描述其故障规律，在此基础上进行维修决策工作。为提高故障分布描述准确性，这种方法需要以大量失效时间数据作为基础，对于失效数据较少或无失效数据的高可靠性产品或者寿命试验成本较高的系统，该方法显然不适用。此外，由于该方法得到的故障规律往往表征的是系统总体特征，对于指导具体系统维修决策的适用性不强。因此，这种策略应用于具体装备时容易导致维修过剩或维修不足的情况，造成维修成本费用增加或引发事故损失。相关研究表明，企业约 30% 的维修成本是由低效率维修方式引起的。

在工程实际中，许多装备或系统受自身老化和外界因素（如温度、湿度、机械应力等）的影响，其性能状态会随运行时间增长逐渐发生退化现象，如机械传动部件磨损和疲劳裂纹增长、金属部件蠕变、管道腐蚀、电池容量和输出衰减、隔热和绝缘材料老化等。当性能退化累积到一定程度，会导致系统出现故障。特别是对于机械系统，这种性能退化引起的渐变性失效十分普遍。视情维修利用检测设备得到的系统退化状态信息进行维修决策，是针对具有性能退化系统的一种有效维修方式。视情维修与传统计划维修主要区别在于：视情维修在制定维修决策方案时充分考虑了系统运行中的退化状态信息，能够有效减少系统故障概率和过度维修现象，提高系统运行安全性和可靠性，避免故障引发的严重后果。由于视情维修在应用过程中需要状态监测系统和设备支持，其实施难度和费用相比于计划维修要更高。因此，视情维修尤其适用于状态信息容易获取或故障后果较为严重的退化型系统。据估计，美军采用视情维修技术后，装备故障发生率减少了75%，相应维修费用降低了25%～50%。因此，视情维修能够有效提高装备战备完好性且具有较高的经济效益。随着传感器及通信技术的发展，在很多对安全性要求较高的系统上均装备有状态监测单元，如飞机发动机、雷达、导弹等状态监测系统。检测效率逐渐提高，检测费用大幅下降，为视情维修实施提供了技术保障。

目前视情维修已被广泛应用于军用装备、大型民用设备、航空航天等多个领域。状态维修和预测维修都是视情维修中常用的策略，它们都依赖于对设备状态的监测和分析，但二者在维修决策、执行时间和工具技术方面存在一些区别。在维修决策的依据方面，状态维修通常是基于设备当前的状态或性能指标实时或近期测量的结果。如果设备的性能指标超出预定阈值，就会触发维修活动。预测维修不仅基于设备当前的状态，还依赖于历史数据和先进的分析技术，如机器学习和数据分析，来预测设备未来的状态和潜在的故障。预测维修试图在设备实际发生故障之前识别出潜在的故障模式。在时间敏感性方面，状态维修更加关注设备当前的状态，一旦检测到状态不佳或性能下降，就会立即采取维修行动。预测维修更具有前瞻性，它不仅关注设备当前的状态，还预测未来的状态，并根据这些预测来安排维修活动。这种方法可以在设备发生故障前进行干预，从而减少意外停机时间。状态维修通常需要使用监测工具和技术来实时或定期评估设备的状态。预测维修除了状态监测工具外，还需要使用更复杂的数据分析工具和技术，如统计分析、趋势分析、人工智能和机器学习模型，来预测设备的未来状态。总的来说，状态维修侧重于设备当前的状态，而预测维修则在此基础上增加了对未来状态的预测。预测维修通常需要更多的数据分析和高级技术支持，可以在设备发生故障前进行干预，从而实现效率更高和成本更低的维修管理。图1－6对计划维修、状态维修和预测维修的各自优缺点和适用场景进行了简要概括。

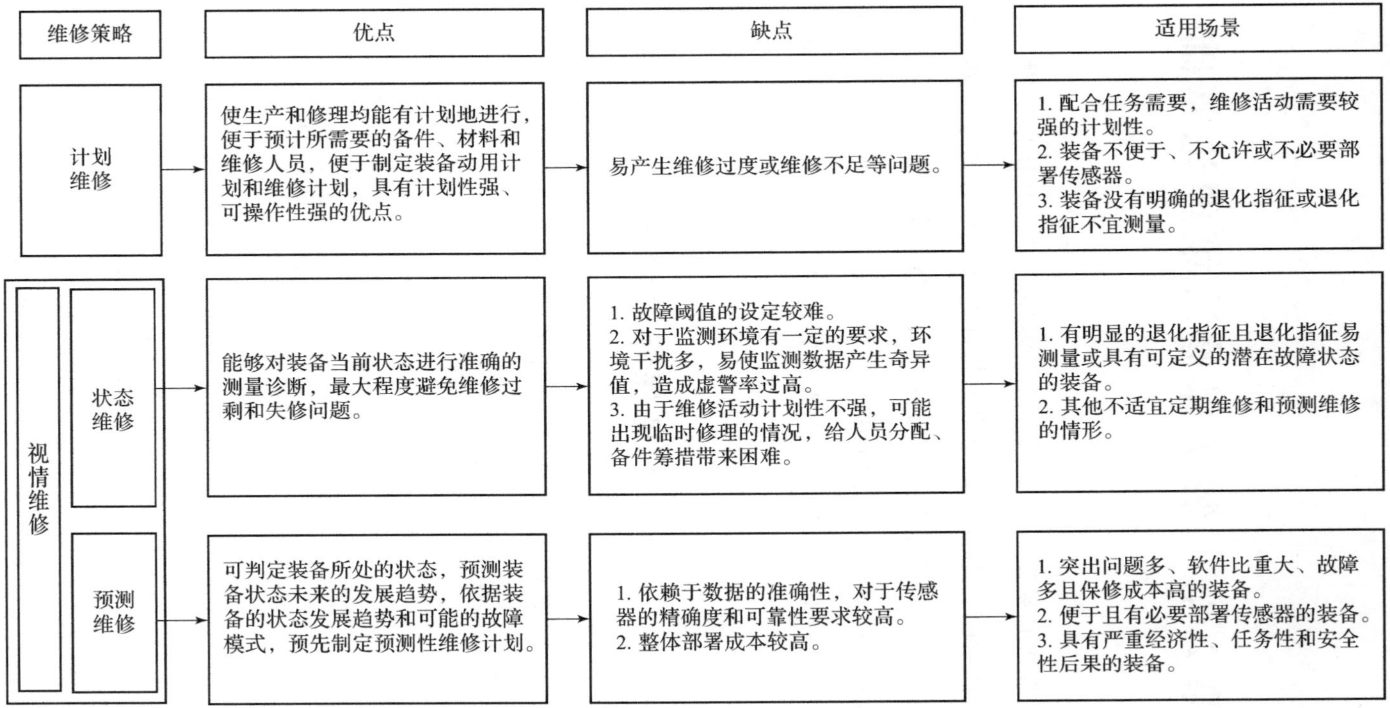

图 1－6　不同维修策略各自优缺点和适用场景

第 2 章　装备保修决策理论基础

保修决策并非易事，需要综合考虑多种因素，并运用逻辑决断分析方法来制定最佳策略。本章首先介绍了装备保修类型、模式。其次介绍了装备保修策略，重点总结了其分类方式。最后介绍了装备保修决策，对决策时机和决策逻辑决断流程进行了讲解。本章可以帮助承制单位和部队在面临保修决策时，更好地权衡各种因素，并选择最优策略，以提高装备可用度和可靠性。

2.1　装备保修类型分析

根据保修在装备使用阶段的作用时期，可将装备保修分为两种：初始保修和延伸保修基本类型，如图 2－1 所示。

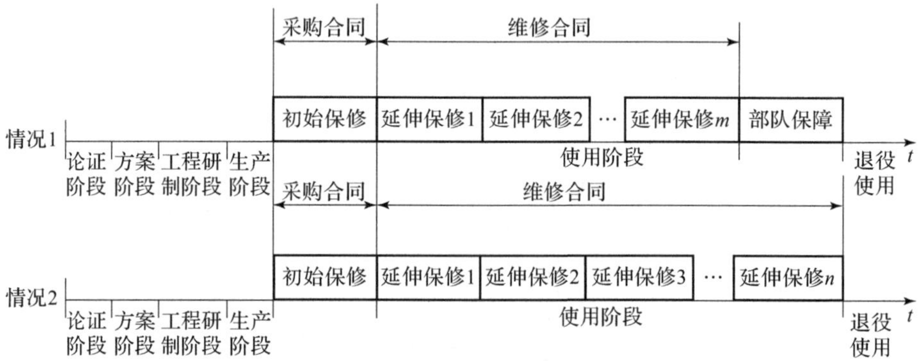

图 2－1　装备使用阶段的保修类型

2.1.1　初始保修

初始保修即质量保证期内的保修，又称为基本保修，一般指销售合同中约定期限内的保修，属于售后质量保证措施的范畴。在国外商业应用中，美国统一商法典规定了商品售出后合同期内保修应执行的内容，Magnuson - Moss 保修法案指出了有保修约定的销售方在初始保修中应尽的责任以及保修实施的事项，从商业立法的角度为商品销售合同中初始保修实施提供了强制性的法规依据。在国内商业应用中，合同期内的保修即为初始保修，一般体现为“三包”制度（包退、包换、包修）的实施，广泛应用于汽车、家电等行业中；在销售合同中一般会向消费者明确质量保证期要求和年限，约束保修承担方实施保修的方法和目标并规定工作权限，一般以销售之日作为初始保修期的起始日期，并以日历时间作为初始保修期限标准。另外，在汽车销售等行业中，初始保修期的确定考虑了多维的保修截止标准，例如在某型汽车的售后服务中，明确初始保修的截止标准为 3 年或者 5 万千米。通过不同指标灵活确定初始保修期限，既可以满足消费者多样化的需求，对消费者初次使用产品可能带来的风险予以保护，又可以使承制方根据产品质量情况合理选择初始保修方式。因此，目前在商业中对初始保修的研究重点主要考虑从承制单位的角度出发，合理确定初始保修期限以求利益最大化。

我军在目前的法规标准和装备采购合同中没有明确定义初始保修的概念，但有要求承制单位在装备列装部队使用阶段有提供初始保修的义务和责任；初始保修一般默认按照 GJB5707 - 2006《装备售后技术服务质量监督要求》，以售后技术服务的形式开展。由于在装备列装初期部队对装备情况不熟悉，尚不具备有效的独立保障能力，故要求承制单位必须提供一定技术支持和质量保证，以确保装备早期的正常使用和保障能力的早日形成。初始保修执行的主体一般由承制单位和使用部队共同组成，以军方为主，双方共同完成装备维修保障任务。现有装备初始保修一般从装备交付之日起开始进行，在保修期的确定方面，大部分装备初始保修期定为 3 年或 5 年，特殊装备或战略装备的初始保修期另行规定，一般不得由承制单位自行确定。该方式下初始保修期较为固定，可操作性较强，避免了装备因特殊使用条件和较大使用强度可能导致初始保修期过早截止，影响装备正常维修保障和保障能力形成的问题。在初始保修中，保修方式一般沿用商业的免费保修方式，维修策略主要以修复性维修策略为主，兼有维护保养等简单的预防性维修，较为有效的视情维修、状态检测、故障检查等复杂的预防性维修工作一般涉及较少。从我军初始保修现状出发，逐步开展对初始保修中预防性维修策略优化研究，具有较强的实际应用需求。

2.1.2 延伸保修

延伸保修，又称为延长保证，是指产品使用方和保修提供方之间签订的服务合同，该服务可以由生产承制单位、厂家指定的修理服务机构或者第三方独立服务机构提供，延伸保修工作一般由服务提供方承担产品的整个修理工作，提供更换的零部件和专业人员，完成合同规定期限内的产品维修；作为回报，使用方会按照合同规定支付固定的延伸保修费用。在某些情况下，产品的预防性维修和应急维修也包括在延伸保修范畴内；不同承制单位的延伸保修价格和保修期限不尽相同，即使对同一承制单位的相同类别产品，不同阶段的延伸保修价格和保修期限也可能不同。延伸保修的实施，为产品合同约定售后服务期结束后的维修提供了一种灵活的工作方式，在初始保修的基础上，根据工作前期开展情况，针对容易发生的故障、特定的分系统或故障以及预期产生的潜在故障状态等，有的放矢开展保修。从使用者的角度出发，延伸保修的开展，可以有针对性地选择合理的维修工作内容和保修策略，在可以接受的费用范围内得到承制单位对产品质量的后续保证，这样既能使产品在使用阶段一直处在一个较高的质量水平上，又能灵活适应产品不同阶段的使用需要。同样，从承制单位角度出发，提供延伸保修，是自身对消费者证明产品的质量和高可靠性的象征，同时以消费者的需求作为导向满足使用方多样化的需要，得到市场声誉和经济收益。

在我军现有法规和标准中，对延伸保修没有明确定义和实施规范。延伸保修的研究主要依托现有的军民融合式装备保障理论和实践开展，主要从原理、体制机制、法律法规等顶层设计展开。

通过对概念的分析和实际工作经验的总结，延伸保修作为装备质量保证期内保修工作的延续，与保证期内技术服务工作（即初始保修）相比有以下不同点：

（1）差别性。对于装备而言，质量保证期内的保修，即承制单位在质量保证期内对产品提供无偿的维修保障服务，且消费者一般不需要支付费用。延伸保修，主要由军方与承制方在保证期结束后协商开展，对某些不具备保障能力的项目或完全由军方实施保障经济性较差的项目交由承制方完成。通过协商承担部分费用，军方购买得到由承制单位提供的特定维修保障服务，从而引进承制单位较强的技术力量，减少非必要的维修保障力量建设和支出，提升保障效益，承制单位也可以从中得到经济效益从而提高参与积极性。

（2）选择性。质量保证期内的保修一般对新列装的武器系统整装无偿保修，具有无差别性。延伸保修一般根据初始保修开展情况，有目的地重点选择军方不能独立完成或者完成经济性较差的项目或组件交由承制单位保障。延伸保修形式上可根据任务和装备维修保障需要在军方主导承制单位辅助保修，军方与承制单位共同保修，完全外包保修等方式之间进行选择，以求达到保障效益的最大化。

（3）评价性。质量保证期内的保修以完成保修期义务为主，范围涵盖所有组件和功能，具有强制特点。开展延伸保修，不仅要解决维修保障问题，而且还要对其选定项目开展的效果进行评估，得到军方自身保障能力判断，确定项目或组件下一阶段延伸保修是否继续，选择下一阶段延伸保修开展方式。

初始保修和延伸保修的绩效既可用来评估承制单位的服务质量，也可用来为下一阶段保修决策提供数据和信息，如图 2－2 所示。此外，保修过程中出现的一些质量问题可促使承制单位关注装备设计质量和生产质量。

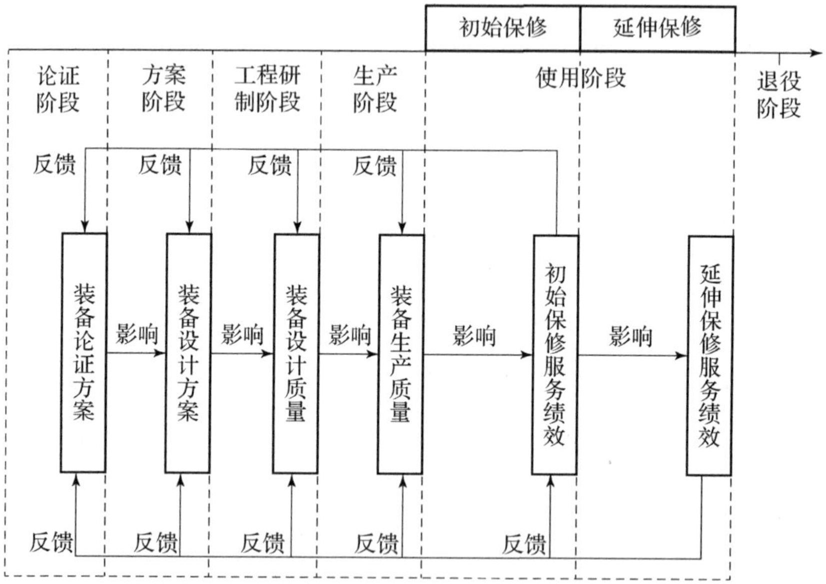

图 2－2　保修绩效作用

2.1.3　其他保修类型

根据保修对象特性，可将保修分为硬件保修和软件保修。硬件保修中，根据装备特性可将其分为机械装备保修、电子装备保修、光学装备保修等。硬件保修相对于软件保修需要的保障资源种类更多，保修过程也更复杂。软件保修相对于硬件保修，在其使用阶段面临更多的升级换代情况。尤其军方在软件维护方面人才培养速度较慢，更注重软件使用人员的培训，目前主要依靠承制单位技术人员负责软件维护。

根据保修对象数量可将保修分为单部件保修、多部件保修、单装保修和装备群保修。单部件保修针对一些需要单独保修的关键件，在单部件保修决策中需要考虑单部件的故障模式、故障规律、维修策略等。多部件保修针对独立或相关的多个部件进行保修。在进行多部件保修决策分析过程中，需要深入分析多部件独立或相关（结构相关、经济相关和故障相关）情况对保修策略费用、保修绩效的影响。单装保修针对单个装备系统，而装备系统由多个分系统组成。因此单装保修是各部件、分系统保修的优化综合。装备群保修分为同型装备群保修策略和不同型装备群保修策略。装备群保修涉及分散在不同地理位置的单个型号装备之间保修的统筹优化。单装保修决策是装备群保修决策研究的基础。

除了上述保修分类情况外，还可以根据保修评估指标对保修进行分类。美军对保修评估指标的考虑较多。我国国家军用标准对各军兵种的各类装备定义了详细的可靠性和维修性方面的参数集，可以归整出除了保修费用外可用于我军装备保修评估的指标，如图 2－3 所示。

2.2　装备保修模式分析

根据承制单位在装备维修保障过程中的参与程度，可将保修分为三种模式：承制单位辅助型模式、承制单位与军队联合型模式和承制单位完全负责型模式。开展保修模式探索，明确保修各方工作权责，规范保修任务分工、工作流程和服务质量，可以从根本上推动保修工作健康有序发展。因此，本书在保修基本类型的基础上对保修模式进行探索，从宏观层面明确保修任务分工、各方工作权责等内容。

下面对这三类模式进行详细分析。

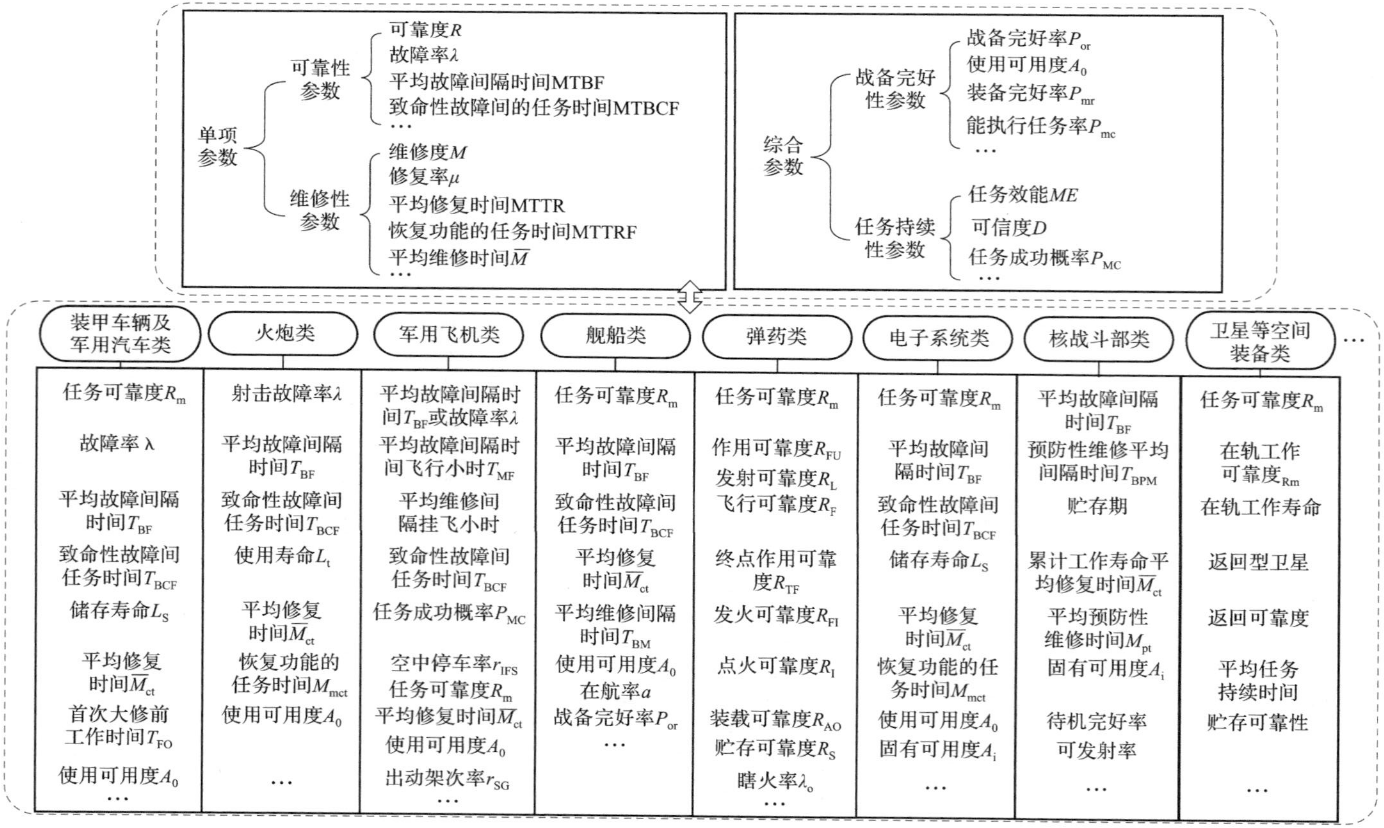

图 2-3　装备保修评估指标

2.2.1 承制单位辅助型模式

承制单位辅助型模式，是一种“军主民辅”的保修模式。该模式中，承制单位维修保障力量作为辅助保障力量，适当帮助军方进行装备维修保障工作，使军方尽快形成保障能力。装备承制单位负责具体型号装备系统的综合集成、调试、试验、运行等工作，这使得承制单位的技术资源优势明显，专业技术人员具有丰富的保障经验和较强的技术能力，可为装备维修保障工作提供有力的支援和帮助。在承制单位辅助型模式中，军方保障力量是装备服役期间各项保障工作的主体。只有在军方保障力量无法承担装备某分系统或关键件的保障任务时，才利用承制单位力量完成装备保障任务或帮助其形成相应维修保障能力。随着军方保障力量能力的形成和提高，承制单位辅助作用逐渐减弱，直至军方保障力量能够独立进行装备维修保障为止。

在承制单位辅助型模式中，需要坚持军方主导的基本原则，依托承制单位开展资源帮建、装备帮修、人才帮训。资源帮建，是承制单位利用自身人才和技术优势，根据军方对新装备保障需求，帮助军方开发保障资源，建设保障设施。装备帮修，是由承制单位独立承担或协助军方完成部分修理任务。人才帮训，是利用承制单位技术人员熟悉装备结构、功能等优势，帮助军方培养装备维修骨干。承制单位辅助型模式包括初始保修和一定数量的延伸保修，属于图2－1中的情况1。

2.2.2 承制单位与军队联合型模式

军方和承制单位联合型模式适合难度大、任务重的维修保障任务和需要维修技术改进的研究项目，该保修模式可以充分发挥军方和承制单位双方的优势和特长共同完成某项或多项维修任务，如图2－4所示。军方和承制单位联合型模式的实质就是将部分装备维修保障任务交给承制单位，借助承制单位的技术力量，缩减军队保障人员规模。军方和承制单位联合型保修模式可以帮助军方有更多的精力用于作战能力训练和提高，真正实现军方与承制方在维修保障组织、维修作业流程和保障资源各方面的有机深度融合。随着军方保障力量能力的形成和提高，承制单位辅助作用不会减弱，军方保障力量和承制单位保障力量共同负责装备维修保障工作。

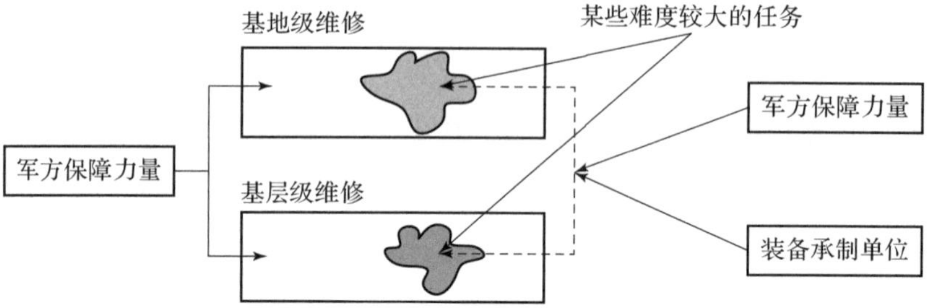

图 2-4　军方和承制单位联合型模式

这种保修模式对于保障一些含高新技术的新装备是十分有效的，因为该模式能在满足部队需求的基础上充分发挥承制单位的能力。对于一些老装备，军方也可适当将部分装备维修保障任务外包，以减轻军方维修保障人员的工作负担。美军在战斗机维护过程中，会将一些老型号的飞机交由承制单位负责，使得现役的维修保障人员尽快对新型号战斗机形成维修保障能力。军方和承制单位联合型模式包括初始保修和一定的延伸保修，属于图 2-1 中的情况 2。

2.2.3　承制单位完全负责型模式

承制单位完全负责型，是指军方在有限的装备保障经费约束之下，为提高装备保障效益、战备完好性水平和自身作战能力水平，将装备大部分维修保障活动完全交由承制单位负责。采用该保修模式可以依托承制单位的优质技术资源，降低装备维修保障成本，提升军队战斗力。承制单位完全负责型相当于维修外包，即部队将维修工作作为一个非核心工作外包给承制单位。

在承制单位完全负责型模式中，承制单位全权负责保持这些装备的使用可用度，而不是把装备的全部维修保障任务交由承制单位。在承制单位完全负责型模式中，军方建制保障力量只负责简单的维护保养任务，其他工作均由承制单位负责。对于承制单位完全负责型模式，一般在装备的论证和研制过程中就确定装备承制单位为将来的维修保障主体，或者明确了装备承制单位负责主要的维修保障任务。实现承制单位完全负责型模式一般通过装备订购一揽子合同（图 2 –5）的方式。承制单位完全负责型模式包括初始保修和延伸保修，属于图 2 –1 中的情况 2。

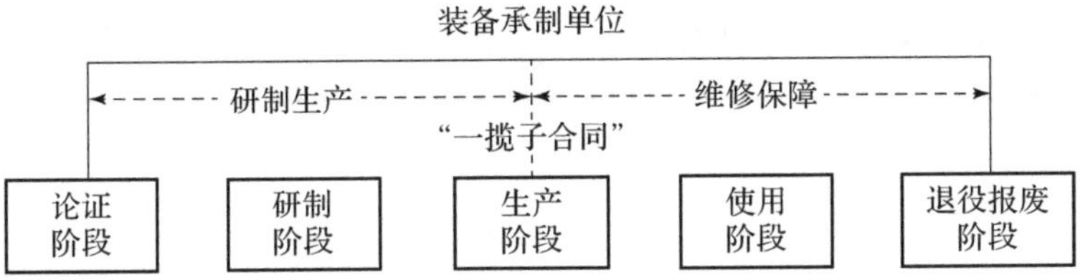

图 2 –5　装备订购一揽子合同

承制单位完全负责型模式可以促使承制单位在装备研制阶段就重视装备可靠性、维修性和保障性，激励承制单位通过提高设计质量和生产质量来提高装备的固有特性以降低装备全寿命周期保障费用。与此同时，该模式可以帮助承制单位更方便、更全面地建设装备使用、维修数据库，以掌握装备故障规律，使得承制单位在装备改进中"有的放矢"，不断提高装备可靠性、维修性和保障性设计。实施承制单位完全负责型模式可以充分调动装备承制方的积极性，提高装备全寿命周期保障质量。3 类保修模式的优缺点比较如表 2 –1 所示。

表 2 –1　不同保障模式优缺点比较

保障模式	优点	缺点
承制单位辅助型	军方可借助承制单位的技术力量达到足够的维修能力和水平	需要维持一支庞大的维修保障队伍；资源利用重复建设

续表

保障模式	优点	缺点
军方和承制单位联合型	使军方在适当规模和水平上维持保障能力，为承制单位增加盈利业务，促进承制单位发展壮大	需要花费精力确定军方需要保有的维修能力，管理承制单位人员上也有一定难度
承制单位完全负责型	能够降低维修保障费用，引入承制单位保障力量增强了军方灵活性，增加了承制单位业务，有助于其维持稳定的工业基础	降低了军队的战备水平，战时和紧急状态下，部队没有足够的自我保障能力

2.3 装备保修策略

保修策略是针对保修对象（装备、分系统、单元）进行保修时采取的方式。国内对保修策略研究较少，并没有健全的策略体系。而国外无论针对军用装备还是民用商品，都有较丰富的保修策略分类方法。参照国外保修策略分类成果，结合我军新型装备的复杂性和特殊性，本节从保修期限维度、保修费用承担情况、保修期更新情况和保修策略组成情况四个方面对装备保修策略进行分类。

2.3.1 按保修期限维度

根据保修期终止条件不同，可将保修策略分为一维保修策略、二维保修策略到 n 维保修策略。一维保修策略一般以日历时间约束保修期，当到达保修期 W 后，保修终止。二维保修策略一般以日历时间 W 和使用程度 U（如行驶里程、转数等）作为保修期终止的约束界限。根据特定终止条件，二维保修期在日历时间和使用度坐标轴围成的区域就是保修期的覆盖区域，如图 2 -6 所示。

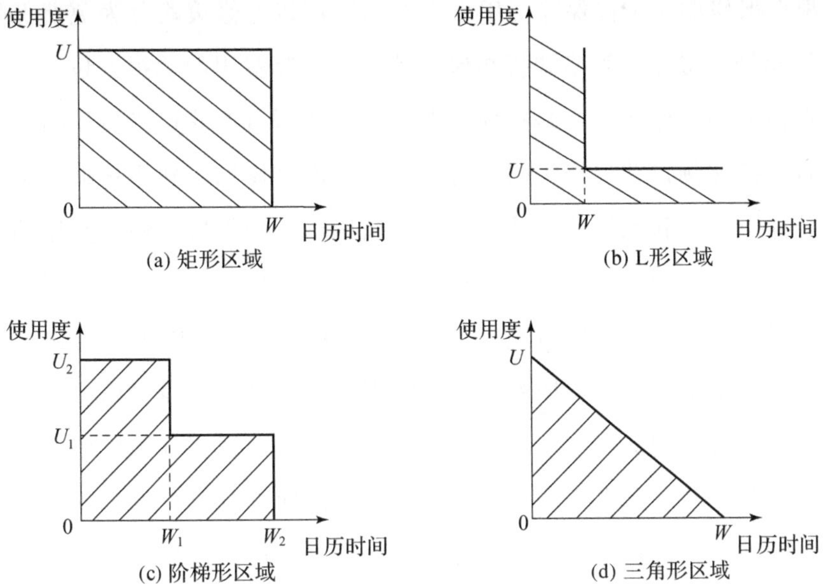

图 2 -6　二维保修期

图 2 -6（a）的矩形阴影区域表示到达任一保修期界限 U 或 W，则保修终止，该类保修期区域是常用二维保修期形式。图 2 -6（b）、（c）和（d）中的阴影区表示二维保修期，超出阴影区则保修终止。需要根据具体装备选择合适的二维保修期终止条件。二维保修策略可以将装备的训练使用考虑进来，帮助承制单位有效控制保修费用。针对一些随着使用程度性能退化严重的单元，可能需要利用多个使用程度指标作为保修期限的约束，这时保修策略就可能从一维、二维扩展到 n 维。当保障单元或型号装备的退化仅受时间影响时，仅需采取一维保修策略，当保障单元或型号装备的退化不仅受时间影响还受到使用程度影响时，就需要 n（$n \geqslant 2$）维保修策略。目前，二维保修策略是应用最广泛的多维保修策略。三维以上的保修策略较少，但随着装备的技术复杂程度增高，三维以上的保修策略应用会越来越普及。

2.3.2 按保修费用承担情况

根据保修期内维修保障费用承担方不同可将保修策略分为免费保修策略、按比例付费保修策略和折扣保修策略。保修费用的承担方包括军方和承制单位。免费保修策略是指保修期内活动的所有维修保障费用由承制单位负责。按比例付费保修策略是将保修期间内维修保障费用根据一定计算方法分摊给军方和承制单位共同承担，按比例付费保修策略中常用的分摊制度包括线性比例、非线性比例和阶段性比例。以一维按比例付费保修策略为例说明三种费用分摊机制，如图 2－7 所示。从图中可以看出，在一维按比例付费保修策略初期若发生故障则大部分维修保障费用由承制单位负责，随着时间增加军方逐渐承担部分费用。这种费用分摊机制可帮助军方有效控制某些故障在列装早期发生频率，促使承制单位重视列装初期保修对象的性能。折扣保修策略是当承制单位不能达到预期服务绩效时需要返还一定佣金。费用分担方法可以作为保修惩罚手段。例如当承制单位不能完成预期保修绩效时，可利用按比例付费保修策略或折扣服务进行惩罚。

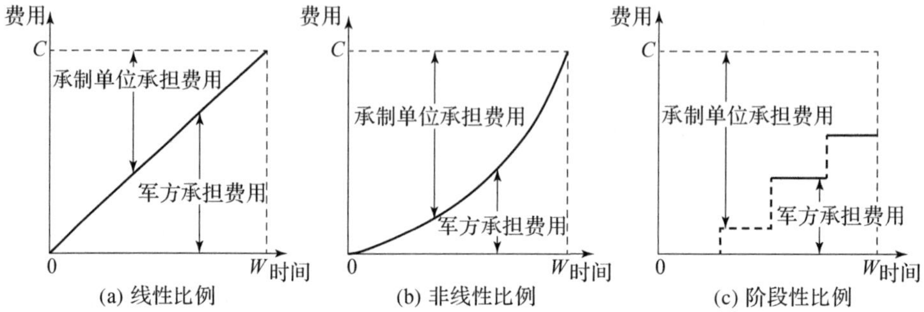

图 2－7 按比例付费保修

折扣保修策略与按比例付费保修策略不同，是指保修对象发生故障后以一定比例或完全返回订购价格。即若保修对象的订购价格为 C，若发生故障则承制单位需交还军方 $\alpha C(0\leqslant\alpha\leqslant1)$。显然，折扣保修策略的惩罚力度要远大于按比例付费保修策略。

2.3.3　按保修期更新情况

根据保修期内发生故障后处理保修期的方式可将保修分为更新保修策略和非更新保修策略两类。更新保修策略是指在保修周期内某时刻 t 装备发生故障进行维修后，保修期归零，重新开始计时。非更新策略则是指无论保修期内进行多少次维修活动，保修期不变直到保修期终止。一维更新保修周期和一维非更新保修期如图 2－8 所示。一维更新保修策略的保修周期长度 T 为随机变量，具体取值由保修周期内的故障次数 N_s 决定，N_s 也为随机变量。设 t_i 为两次故障间隔时间，则 $t_i < W(i \in \{1,2,\cdots,N_s\})$，这时一维更新保修周期为 $T = t_1 + t_2 + t_{N_s} + W$。对于一维非更新保修策略，其保修周期长度 $T = W$。

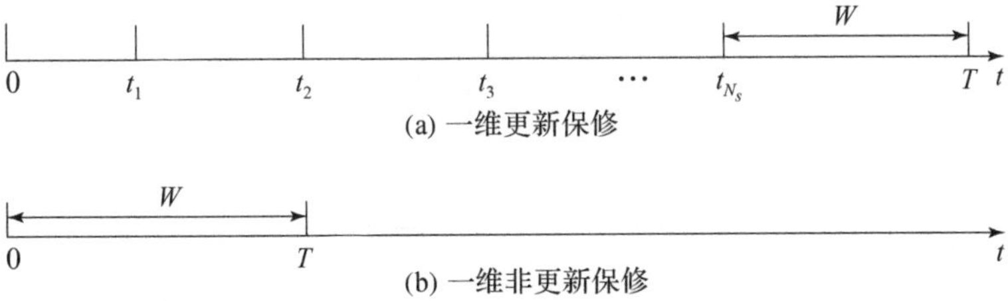

图 2－8　一维更新保修周期和一维非更新保修期

2.3.4　按保修策略组成情况

将前三种策略分类情况进行组合可形成多种保修策略，例如一维免费非更新保修策略、二维免费更新保修策略。按照保修期内实施保修策略的种类是否唯一，可将保修策略分为简单保修策略和组合保修策略。简单保修策略就是在保修期内实施一种保修策略，组合保修策略则是指在保修期内实施多种保修策略。按照多个保修策略的执行时间，可将组合保修策略分为序贯式组合保修策略、并行式组合保修策略和混合式组合保修策略。

序贯式组合保修策略是指在保修期间不同阶段时间执行不同简单保修策略，并行式保修策略则是针对可能发生的不同维修策略采取不同的简单保修策略，混合式组合保修策略则是在保修期内多个简单策略之间既有序贯组合形式也有并行组合形式的一种复杂组合保修策略，如图 2 - 9 所示。

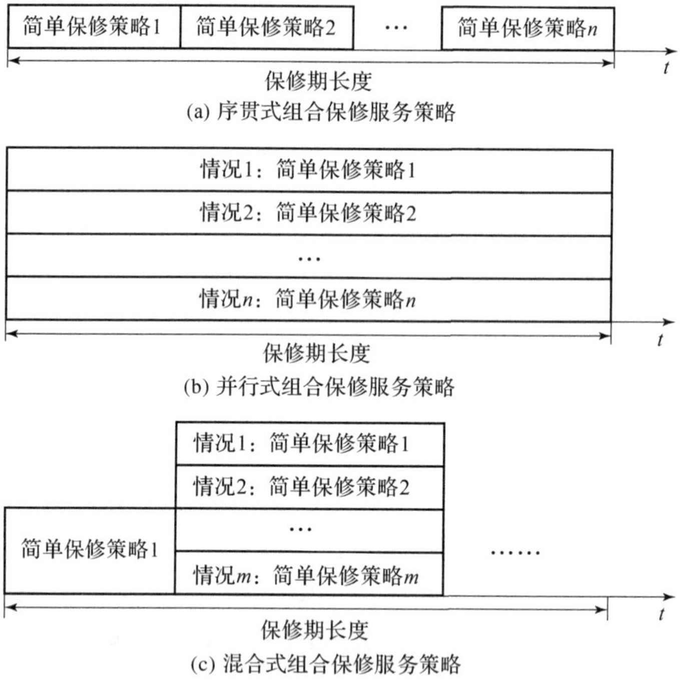

图 2 - 9　组合保修策略

保修期内的维修策略对保修的费用、效果会产生较大影响，因此在确定简单保修策略时，需要考虑保修期内采取的维修策略（修复性维修、功能检测和定期更换）。组合保修策略的组合形式也需要结合装备故障规律、维修策略综合确定。组合保修策略可以帮助军方在保修期内有效管控保修对象某些故障模式的发生。例如单元有多种故障模式，为保障其中某些故障情况不发生，可对单元该故障模式采取折扣保修策略，其他故障模式采取免费保修策略，即对单元采取并行式组合保修策略。

2.4　装备保修决策

2.4.1　保修决策时机分析

进行保修决策必须在合适的时间开展，才能有效统筹军方和承制单位在装备维修保障中发挥的作用和效果。结合装备保修的作用、目的、类型和模式可以确定装备全寿命周期中保修决策时机。保修决策时机包括工程研制阶段前、使用保障阶段前以及初始保修结束后三个关键时机，如图2－10所示。

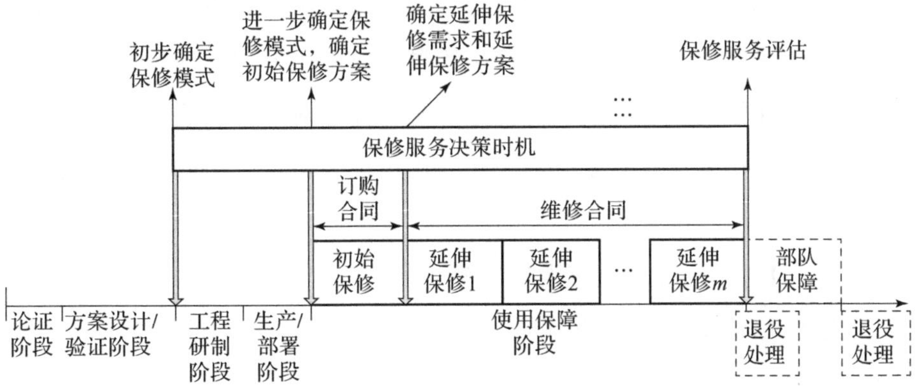

图2－10　保修决策时机

在工程研制阶段前，军方和承制单位需要根据装备的技术特性、结构复杂度和功能重要性等，结合我军现有保障能力，对型号装备采取保修模式的适用性进行分析和判断，对型号装备初步确定适用的保修模式。

在使用保障阶段前，军方和承制单位进一步分析已选取的保修模式的适用性。然后结合具体的保修模式，根据订购价格和装备的性能特性，确定初始保修策略、保修费用、保修效果和延伸保修需求等内容。

在装备初始保修期结束时，评估承制单位的初始保修绩效。结合建制部队型号装备保障力量建设情况，确定延伸保修需求。根据军方装备保障实际费用约束和装备性能特性，确定延伸保修策略、保修费用、保修效果等内容。

在装备延伸保修期结束时，评估承制单位上一阶段延伸保修绩效。结合军方建制部队型号装备保障力量建设情况，确定下一阶段延伸保修需求，分析延伸保修具体内容。

2.4.2 装备保修决策逻辑决断流程

进行装备保修决策研究是解决装备保修系统运行层面问题的关键。单装保修决策是装备群保修决策的基础，本节对单装保修决策流程开展研究。装备保修决策逻辑决断流程可分为顶层保修决策逻辑决断和业务层保修决策逻辑决断两部分。顶层保修决策逻辑决断主要用于确定装备列装部队后适用的保修模式、初始保修对象、延伸保修对象等；业务层保修决策逻辑决断主要根据保修对象故障规律，用定性和定量方法确定适用的保修策略。

2.4.2.1 顶层保修决策逻辑决断

顶层保修决策逻辑决断可以分为两个阶段，决断过程如图 2－11 所示。

在装备研制生产阶段开展阶段一分析，装备订购阶段和续签保修时开展阶段二分析。

1）阶段一

阶段一用于明确装备列装部队后适用的保修模式，分析确定装备维修保障的任务，为后续初始保修和延伸保修策略分析提供决策依据和相关信息。分析阶段一时，首先是从装备全寿命周期角度出发，判断装备适用的保修模式，确定装备列装后由谁负责保障。判断过程依序进行，首先判断是否符合承制单位辅助型、军方和承制单位联合型和承制单位完全负责型

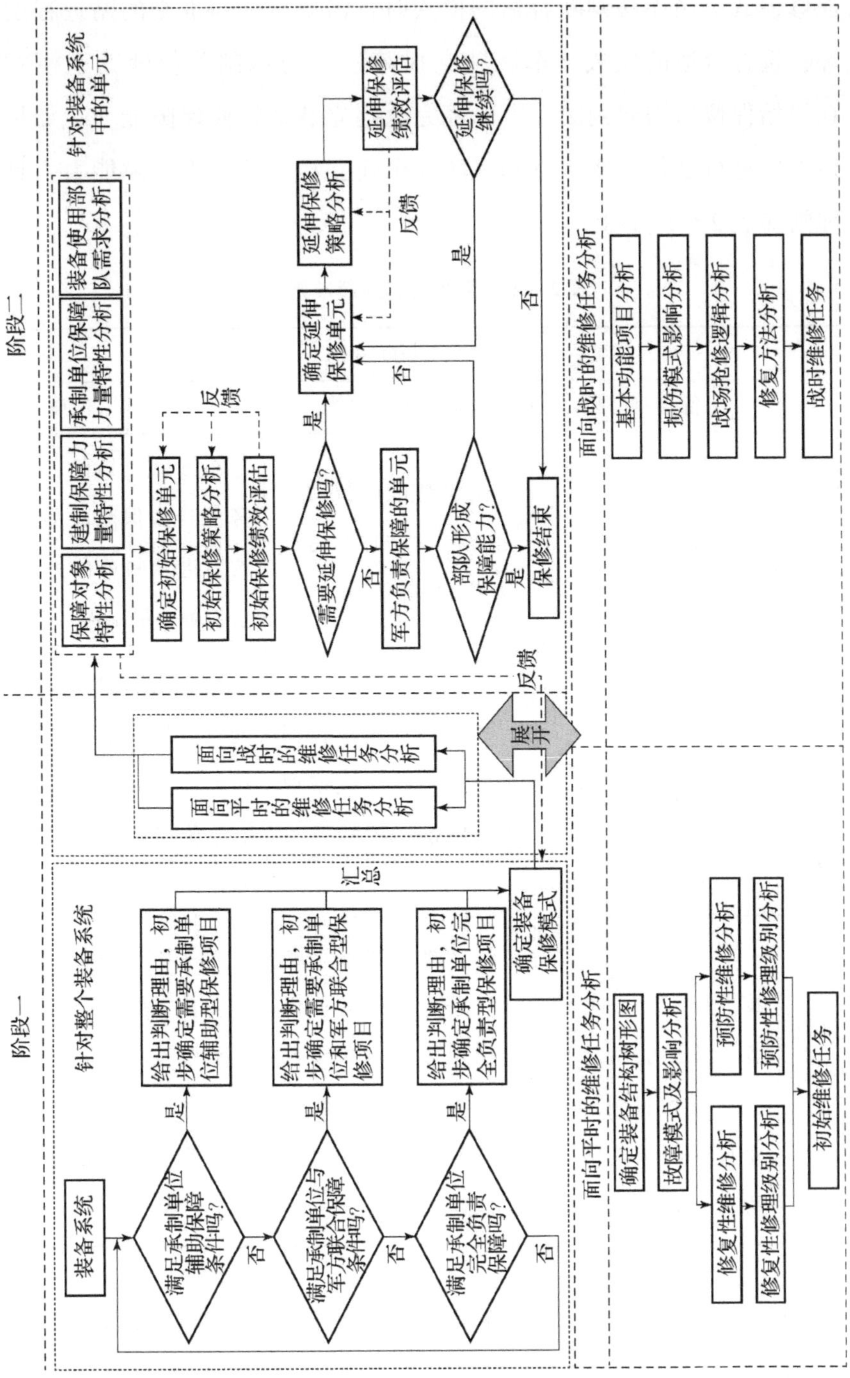

图 2－11　顶层保修决策逻辑决断

装备保修模式。当无法判断合适的模式时，需要根据与准则的贴近程度再次循环，选择合适的模式。军队独立保障模式与承制单位辅助型模式类似，在初始保修后需要判断军方已经完全建立装备维修保障能力，如果没有，还需要进行延伸保修，直到军队完全建立相应的维修保障能力。具体判断准则如表 2 – 2 所示。

表 2 – 2　保修模式判断准则

模式类型	判断准则		
	装备自身特性	维修保障主体	保障能力建设
承制单位辅助型	具有相似经验	在承制单位帮助下能够在一定时期内形成建制保障能力	军方已经具备主要任务的自主保障能力，需要引进承制单位力量完善保障力量结构
军方和承制单位联合型	更新、升级装备在保修期内是常态。突出问题多，软件比重大	军方和承制单位都不具备独立完成该项维修任务的能力	建制保障力量较弱，配置分散，或独立保障投入巨大且效益差；承制单位仅能完成部分技术服务工作
承制单位完全负责型	军地通用性良好，技术标准一致的装备；以及承制单位已具备大批量、成建制系统保障能力的通用装备	部队维修保障难度大，承制单位具备相应的保障力量和能力或军方保障经济性较差，可以交付承制单位保障	保障力量形成难度大、周期长、投入巨大、效率和效益差；承制单位具备完整的技术服务力量体系且可以完成系统的维修保障任务

在判断完保修模式后，需要分析型号装备平时、战时的维修任务。在面向平时的维修任务分析过程为首先建立装备结构树，其次对维修单元进

行故障模式影响分析、修复性维修分析，最后利用以可靠性为中心的维修（Reliability - centered maintenance，RCM）逻辑决断方法对部分需要预防性维修的单元确定其适用的预防性维修任务，分析过程的关键点如下：

（1）构建装备结构树，确定重要功能单元。

按照装备的功能结构和物理结构将装备按层次进行分解，定义装备结构各约定层次，确定结构树的重要功能单元。在分析过程要确保不会遗漏任何单元，从而在后续维修任务分析中可以全面考虑到装备的每一组成单元、每一项维修任务。需要注意的是位于装备树最顶层的是最小可更换单元，一个重要功能产品可能拥有多个可更换单元。

（2）进行故障模式与影响分析，确定故障特性。

进行故障模式与影响分析，仅对最底层重要功能产品进行分析。首先分析这些重要功能单元的功能，其次针对每一功能分析所有的故障模式，最后再根据每一个故障模式分析故障原因和故障后果，如图 2 - 12 所示。在分析过程中需要注意的是装备结构树中下一层单元的故障模式往往包含该单元上一层单元的故障原因，例如重要功能单元的最小可更换单元的故障模式可能是故障原因。

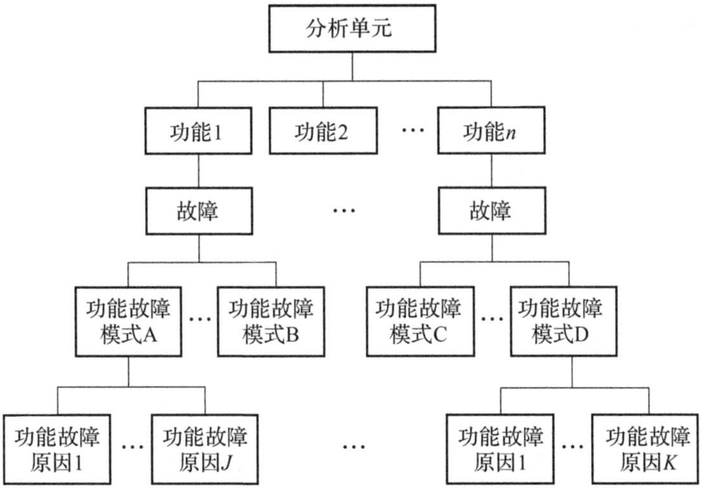

图 2 - 12　故障模式与影响结果

（3）进行修复性维修分析，确定所有单元的修复性维修任务。

在故障模式及影响分析结果的基础上，对所有最底层的重要功能单元的每一个故障原因进行修复性维修分析，确定其相应的修复性维修任务，形成型号装备的修复性维修任务。针对故障后果严重的单元继续开展预防性维修工作分析，确定相应的预防性维修任务。

（4）进行 RCM 逻辑决断，判断部分单元的预防性维修任务。

针对故障后果严重的单元，依据其故障规律，利用 RCM 逻辑决断方法判断其使用的预防性维修工作。在分析过程中，针对每个重要功能产品的每一个故障原因，利用各预防性维修策略的适用性准则和有效性准则进行判断。

修复性维修任务和预防性维修任务都是若干基本维修工作的组合，基本维修工作类型主要有以下 5 个方面。

①维护保养：清洗、擦拭、换油、换液、技术检查等。

②更换：组合、功能组件、模件、零部件、元器件、密封件等。

③测试：用辅助手段或设备进行功能及性能鉴定。

④调试：校准、排除因失调引起的故障。

⑤修理：除更换修理外的其他修复性修理。

（5）进行修理级别分析，确定两级维修体制下进行修复性维修任务和预防性维修任务的修理级别。

修理级别分析分为修复性修理级别分析和预防性维修级别分析两部分。我军的修理级别分为基层级和基地级。秉承“前方替换，后方修理”的维修理念，基层级维修应以更换、状态检测等工作为主，基地级维修以修理、调试等工作为主。

面向战时的维修任务分析，主要对战损装备的维修任务进行分析。为了注重时效性，维修任务与面向平时维修中的修复性维修工作不同，仅仅做到恢复运行即可。进行面向战时的维修任务分析时，首先需要收集战场环境、装备的作战任务、装备保障需求、装备损伤等战时相关信息。其次在此基础上，按照划分装备功能单元，分析战场环境下装备哪些功能单元损伤后会严重影响作战任务完成或造成重大损失，将其确定为战时抢修对象（一般为前线最小可更换功能单元）。再次对确定的战时抢修对象，进行损伤模式影响分析，分析出可能的损伤模式。最后根据所确定的装备损伤模式，选择战场抢修方法。阶段一分析结果得到的型号装备保修模式、面向平时维修任务、面向战时维修任务结果将用于后续阶段二分析过程。

2）阶段二

阶段二立足阶段一的分析结果，对保障对象特性、建制保障力量特性、承制单位保障力量特性和装备使用部队需求进行分析，初步确定装备初始保修对象、延伸保修需求和延伸保修对象。在阶段二分析过程中还需进行保修绩效评估，保修绩效评估结果会直接影响保修策略分析结果。开始阶段二分析时，首先要分析保障对象特性、建制保障力量特性、承制单位保障力量特性和装备建制使用部队需求。

（1）保障对象特性分析。

全面分析保障对象维修任务的维修难度高低、需要何种维修技术水平、维修资源需求品种和数量等情况进行全面分析，分析的内容包括：

①维修工序分析：分解每个修复性或预防性维修任务成为若干具有先后顺序的维修作业工序。

②维修难度：包括维修工序的复杂性、维修技术水平要求高低等。

③维修资源：确定各维修任务所需要的保障资源所需品种和数量。

④维修时间：军方和承制单位完成维修任务所需时间。

⑤维修频度和后果：判断维修是否是针对常见故障或多发故障，从安全性、任务性和经济性三方面全面分析故障引起的后果是否严重。例如，分析在某一修理级别上开展修理是否存在如化学物质、有毒气体、易燃物等危险因素。

⑥保密性：保密级别和保密要求。

⑦维修任务的通用性：维修任务是否为通用技术，军方和承制单位是否都具备完成该项任务的技术。如果军方和承制单位都具备完成该项任务的技术，应利用现有国家标准、国家军用标准、部门标准、行业标准将维修作业流程标准化，标准流程如图 2－13 所示。

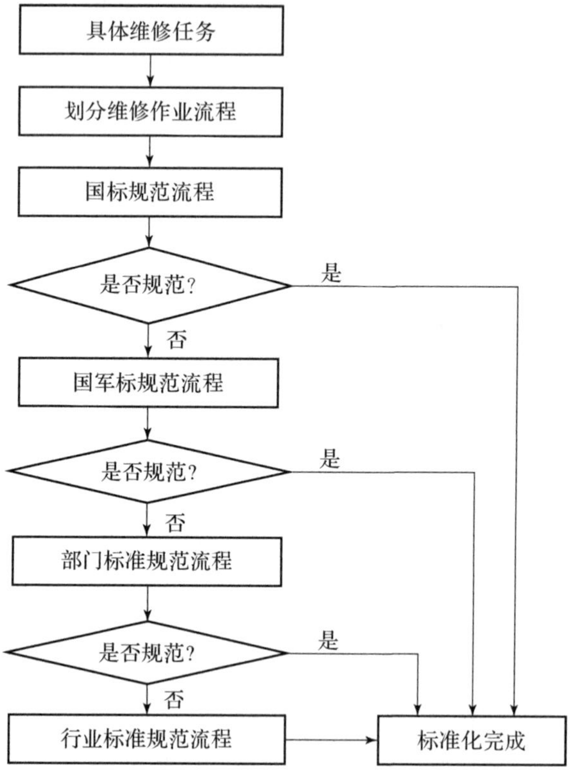

图 2－13　维修保障业务流程标准化流程

（2）建制保障力量特性分析。

全面分析建制维修保障力量的编制配备情况、维修技术能力和水平、现已承担的维修保障任务等，主要内容包括：

①建制维修保障人员：各修理级别建制保障人员的技术等级、专业、数量、工作时间等。

②建制维修设施：现有配备情况和使用情况等。

③建制维修设备：现有配备情况和使用情况等。

④建制技术资料：现有配备情况和使用情况等。

⑤建制运输能力：建制部队所具备器材物资的装卸与运输能力。

⑥建制已承担维修保障任务：目前已承担任务情况，是否有能力再承担新的任务。

⑦保障延误情况：维修保障延误时间和保障资源供应延误时间。

（3）承制单位保障力量特性分析。

全面分析承制单位的服务风险、维修能力、技术水平、服务质量等，主要内容包括：

①保密性：承制单位承担维修任务对保密级别的要求，是否存在失泄密风险，分析对其保密工作开展程度的要求和规避失泄密风险措施的要求。

②承制单位维修保障能力：承制单位配备的维修人员、维修设施设备、维修工具、运输能力等。

③保障延误情况：承制单位开展现地维修和后方维修的保障延误时间。

④承制单位已承担维修任务：承制单位已承担的装备研制、维修保障任务等，是否具有承担相应维修业务的能力，是否有能力再承担新的维修保障任务，还能承担多少。

⑤承制单位经济实力：承制单位的资产总额、生产线规模、运营情况等。

⑥承制单位服务质量：包括装备设计生产质量、服务态度、维修质量、信誉程度等。

（4）装备建制使用部队需求分析。

分析得到部队对维修工作耗费时间、保修质量和保修费用的要求，主要包括：

①维修时间要求：确定对维修作业时间长短的要求，维修作业时间是进行故障检测与隔离、拆卸、维修等一系列活动时间的总和。针对平时维修任务、战时维修任务的要求不同，平时维修任务讲求维修到位，对时间要求不太高，允许一定的时间延误。但是，针对战时维修任务对时效性要求较高。

②维修质量要求：平时维修任务对维修质量要求较高，但是战时维修任务对维修质量要求较低，大部分情况下仅需恢复装备运行即可。

③维修保障费用要求：对维修费用总和的相关要求。

根据保障对象特性、建制保障力量特性、承制单位保障力量特性和装备使用部队需求分析结果，结合已确定的保修模式，对初始保修单元进行分析，划分军方和承制单位应负责的装备单元，然后根据维修任务分析结果继续分析军方和承制单位应负责的维修任务。这些分析结果可以反馈到保修模式分析过程，影响保修模式选择。

初始保修对象一般情况下为整个装备系统，但一些单元的维护保养、更换任务仍需军方负责。并且一些装备不仅有总承制单位还有分承制单位，一些分承制单位需要负责装备系统中部分单元的保修，这就需要确定承制单位需要负责的保修对象，然后进一步结合该单元的维修任务划分军方和承制单位双方应负责的维修保障任务。确定了初始保修对象后，就需要进一步进行初始保修策略分析。初始保修策略分析属于业务层保修决策逻辑决断流程中的一部分。

初始保修期后，对初始保修绩效进行评估分析，评估结果将影响下一阶段延伸保修策略分析和调整后续同型装备初始保修策略选择。每个装备都具有初始保修，只是装备的部分维修任务可能需要军方负责。

初始保修结束后判断是否需要延伸保修，确定延伸保修对象。延伸保修对象一般情况下为装备系统中的单元。需要继续实施延伸保修的单元为交给承制单位负责的单元或军方负责但尚未形成保障能力的单元。在一个阶段的延伸保修结束后，继续判断是否需要延伸保修，并进行延伸保修策略分析。延伸保修策略分析属于业务层保修决策逻辑决断流程中的一部分。

每次阶段性延伸保修结束后，需要对该阶段的保修绩效进行评估，评估结果将影响下一阶段延伸保修策略分析和调整后续同型装备延伸保修策略选择。当军方对负责的单元形成了维修保障能力，则保修终止。对于需要承制单位负责的单元则继续进行延伸保修。

判断延伸保修需要判断：

①是否继续需要承制单位保障，当将该单元的维修保障任务（如通用车辆中单元的维修等）外包给其他维修机构后则无需承制单位负责，这时保修终止；

②该装备是否到了退役阶段，报废的装备则无需进行延伸保修。延伸保修具有选择性，当承制单位保修绩效无法达到军方预期效果，并且第三方维修机构可以很好地承担该单元的维修任务时，军方可以选择终止延伸保修，将该单元的维修任务外包给第三方维修机构。

2.4.2.2　业务层保修决策逻辑决断

业务层保修决策逻辑决断就是立足保修对象故障规律，针对单元的各项维修任务，利用定性和定量方法确定适用的保修策略，分析保修效果和保修费用等，主要包括初始保修策略分析和延伸保修策略分析两部分，两个分析流程分别如图 2－14 和图 2－15 所示。

1）初始保修策略分析

初始保修策略分析主要在装备订购阶段进行分析，用于确定初始保修期内合适的初始保修策略。初始保修策略分析流程由一系列方框和矢线组成，其决策图可以分为两层。

第一层（问题 H、S、O、E）：维修任务是根据单元各故障模式（损伤模式）产生的故障原因（损伤原因）分析确定的，因此结合故障后果

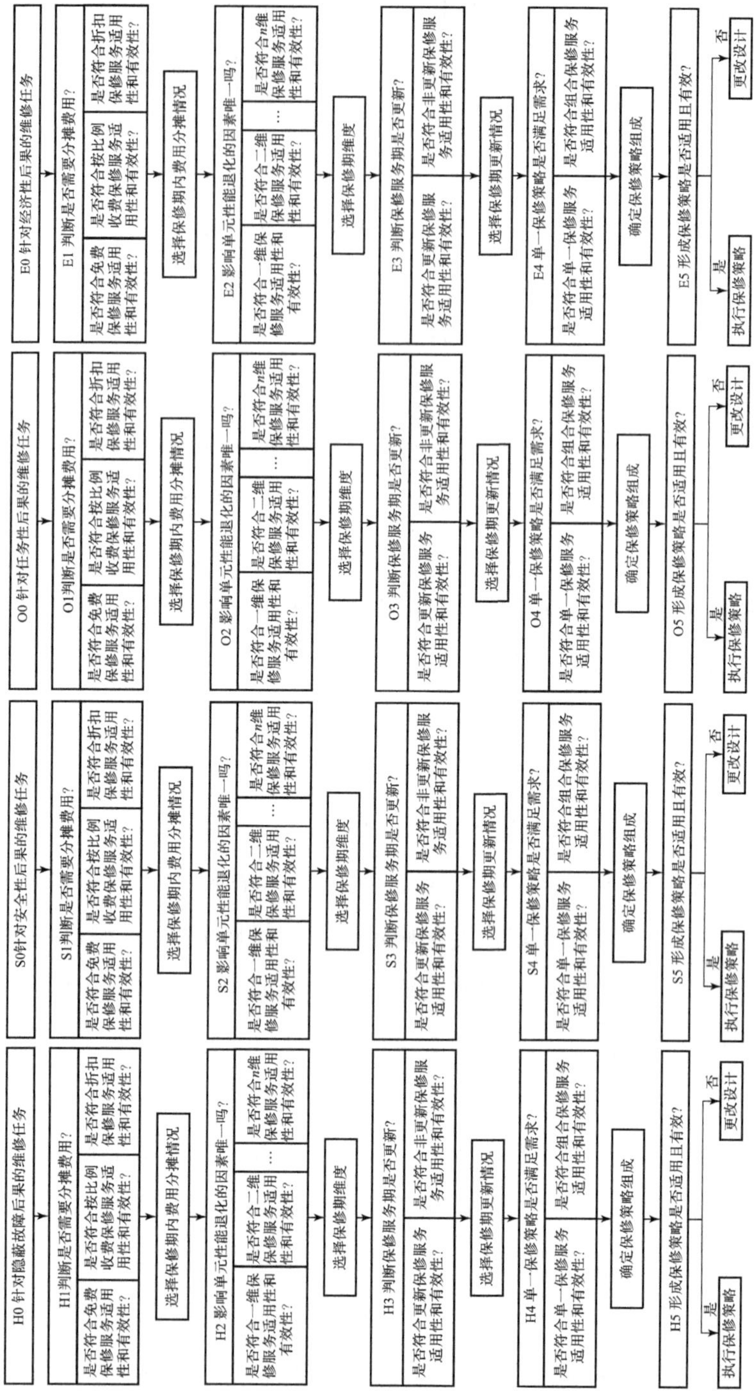

图 2-14 初始保修策略分析

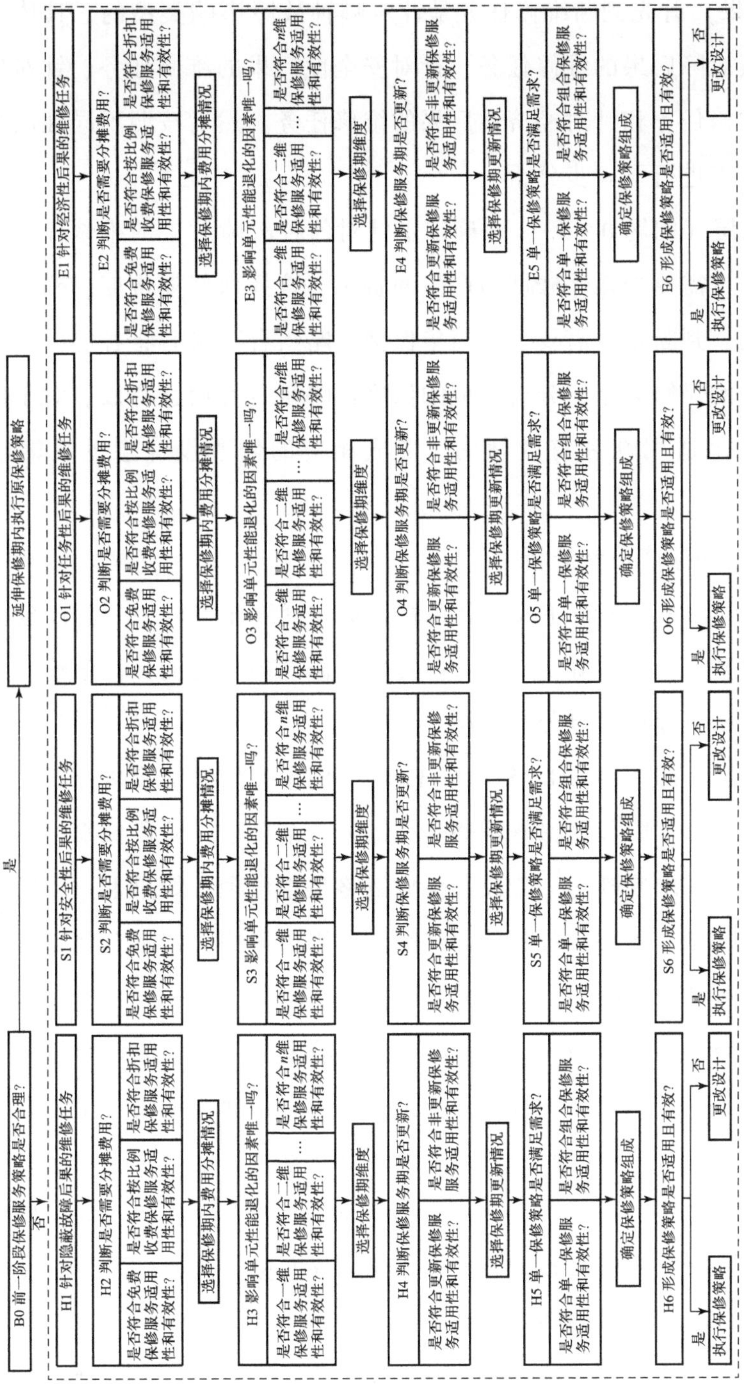

图2-15 延伸保修策略分析

（损伤后果）首先判断维修任务是针对哪种故障影响类型的，具体可分为针对隐蔽故障后果的维修任务、针对安全性后果的维修任务、针对任务性后果的维修任务和针对经济性后果的维修任务。然后按照不同性质维修任务选择分支进行下一步分析。

第二层（问题0～5）：在确定了针对何种故障后果的维修任务后，依次分析是否需要分摊保修期内产生的费用、选择保修期维度、确定保修期更新情况、判断是否需要多个简单保修策略组合。最后将各层分析结果综合成完整的保修策略，分析形成的保修策略是否实用且有效。对于保修策略无法满足适用性和有效性的，形成相应的修改设计意见反馈给承制单位。

2）延伸保修策略分析

延伸保修策略分析主要在装备初始保修期终止时或上一阶段延伸保修期终止时开展，用于确定下一阶段延伸保修期内合适的保修策略。延伸保修策略分析流程也可以分为两层。

第一层（问题B、H、S、O、E）：不同于初始保修策略分析，延伸保修需要根据上一阶段的保修策略实施结果，结合下一阶段保修中军方和承制单位双方需求判断上一阶段的保修策略是否合理。如果上一阶段的保修策略合理，则在下一阶段延伸保修继续应用该策略，若不合理则重新开始进行分析判断。

第二层（问题0～6）：在确定了是否沿用上一阶段的保修策略后，若原有保修策略不合理，则继续分析是否需要分摊保修期内产生的费用、选择保修期维度、确定保修期更新情况、判断是否需要多个简单保修策略组合。最后将各层分析结果综合成完整的保修策略，分析形成的保修策略是否实用且有效，判断是否需要形成相应的修改设计意见反馈给承制单位。

3）装备保修策略判断准则

装备保修策略判断准则是初始保修和延伸保修策略分析过程中进行决

策判断的主要依据，包括适用性准则和有效性准则。一般先进行适用性准则判断，但当找到适用的保修策略，还不能最终确定该项保修策略一定有效，应根据保修策略是否能够兼顾军方和承制单位双方利益来判定其有效性。有效性准则取决于军方和承制单位对保修策略的满意程度，是否能够协调军方和承制单位双方的利益。

保修费用承担方式判断准则：免费保修策略实质上所有的费用均由军方承担，而按比例付费保修策略和折扣保修策略则是由军方和承制单位共同承担保修期内的保障费用。保修决策分析中三种策略的适用性和有效性准则如表 2－3 和表 2－4 所示。

表 2－3　保修费用承担方式适用性准则

策略类型	适用性准则		
	维修任务性质	军方角度	承制单位角度
免费保修策略	由于单元疲劳或者老化产生的可接受故障情况的维修任务	该维修任务是正常使用下可能发生的情况，并非质量缺陷导致。维修任务费用在正常可接受阈值内。承制单位能有效完成该维修任务、恢复单元作战性能	具备完成该维修任务的能力，保修费用大于或等于维修成本
按比例付费保修策略	单元存在潜在故障模式或故障后果严重的维修任务，或需要引进的新维修工作方式，承制单位的保障没有达到预期目标情况，造成较严重后果	该维修任务主要目的在于保持装备状态，通过按比例付费引进新的工作方式，提高装备潜在故障检测能力和故障后果预防水平，保证单元可用度水平	具备完成该维修任务的能力和新工作开展能力，维修保障成本在可接受的范围内。认同该费用比例分配对本方有利

续表

策略类型	适用性准则		
	维修任务性质	军方角度	承制单位角度
折扣保修策略	单元存在潜在故障模式或故障后果严重的维修任务，承制单位的保障没有达到预期目标情况，造成严重后果	具有硬性目标的维修任务，没有达到预期目标，承制单位必须承担所有责任	具备完成该维修任务的能力，维修保障成本在可接受范围内。认同该维修任务是因为质量问题引起的

表 2－4　保修费用承担方式有效性准则

服务策略类型	有效性准则	
	军方角度	承制单位角度
免费保修策略	只要适用，就认为是有效的	只要适用，就认为是有效的
按比例付费保修策略	有效地管控维修任务在保修初期出现的频率	将保修成本控制在可接受的范围内
折扣保修策略	有效地管控维修任务在保修期内的出现	将保修成本控制在可接受的范围内

保修期限维度判断准则：保修期维度越高，对承制单位越有利。这是因为保修期维度越低，若军方对保修对象的使用程度较高时，承制单位较难控制保修费用成本。但保修期维度越高，保修期可能终止得越早，导致军方没有充足的时间形成保障能力。因此在选择维度时，必须按照保修对

象实际退化状态和日历时间、使用程度之间的关系来合理选择保修期维度。一维保修策略和多维保修策略的适用性和有效性准则如表 2－5 和表 2－6 所示。

表 2－5　保修期限维度适用性准则

策略类型	适用性准则
一维保修策略	针对仅随时间或使用程度退化的单元采取的维修任务，或军方需要特定时间来建设自身保障能力
二维保修策略	随时间和使用程度指标退化的单元采取的维修任务
n 维保修策略	随多个指标退化单元采取的维修任务

表 2－6　保修期限维度有效性准则

策略类型	有效性准则
一维保修策略	只要适用，就认为是有效的
二维保修策略	军方和承制单位均认同所选用约束保修期的指标
n 维保修策略	军方和承制单位均认同所选用约束保修期的指标

保修期更新情况判断准则：更新保修策略对军方更有利，而非更新保修策略则对承制单位有利，但承制单位提供更新保修策略可以在竞争性采购中更具优势。目前大部分保修策略都是非更新保修策略，但针对一些特殊单元可以采用更新保修策略。对于一些不可修单元，损坏后需用新品进行更换，可以采用更新保修策略。或者针对一些高可靠性要求单元的保修，可以采用更新保修策略，促使承制单位提高单元固有可靠性来降低保修成本。更新保修策略和非更新保修策略的适用性和有效性准则如表 2－7 和表 2－8 所示。

表 2－7　保修期更新适用性准则

策略类型	适用性准则
更新保修策略	针对一些不经常出现的重大故障的维修一般为更换维修，维修后单元修复如新
非更新保修策略	针对较常出现的故障情况的维修任务一般维修后，单元不会修复如新

表 2－8　保修期限维度有效性准则

策略类型	有效性准则	
	军方角度	承制单位角度
更新保修策略	只要适用，就认为是有效的	能够控制保修成本
非更新保修策略	可以有效维护自身权益	只要适用，就认为是有效的

保修策略组合情况判断准则：保修策略组合，通常适用于在保修期不同区间采取不同的维修策略或采用不同的费用分摊策略的情况。一般情况下，针对某一维修任务，在保修期内采用简单保修策略即可。有时针对一些可修单元，在保修期内可以采用修理或更换两种维修方式，在保修期不同区间采取不同的维修措施时，需要采用组合保修策略。具体适用性和有效性准则如表 2－9 和表 2－10 所示。

表 2－9　保修简单（组合）策略适用性准则

策略类型	适用性准则
简单保修策略	维修任务中的维修方式唯一
组合保修策略	维修任务中的维修方式有多种

表 2-10　保修简单（组合）策略有效性准则

策略类型	有效性准则	
	军方角度	承制单位角度
简单保修策略	能够充分保障装备	能够控制保修成本
组合保修策略	能够充分保障装备	能够控制保修成本

依次决断完上述内容后，需将所有结果汇总成为完整的保修策略来判断其是否适用且有效，判断原则是：在军方经济可承受的前提下，既能满足军方保障需求，又能满足承制单位对利润的需求，实现双方的互利共赢。如果所形成的保修策略无法达成军方和承制单位的共识，则需进行重新商定或更改设计。在此逻辑决断中，有时仅依靠专家经验判断无法科学合理地判断保修策略是否适用，还需建立相应模型进行辅助。

2.5　维修策略和维修程度建模理论

2.5.1　维修策略建模理论

保修期内采取何种维修策略，会对保修服务费用和保修期内单元性能产生较大影响。维修策略可以分为修复性维修策略和预防性维修策略两类。工程实践中很多单元的故障模式在其功能退化过程中会出现某种征兆以预示功能故障即将发生或正在发生的过程，通过功能检测发现这种征兆能够及时采取预防性措施避免单元发生功能故障。延迟时间一般用来描述这样的退化过程，其基本思想是将单元故障的形成划分为两个阶段：潜在故障的形成阶段和功能故障的形成阶段。这两个阶段的持续时间分别称为初始缺陷时间 u 和故障延迟时间 h。当单元以周期 T 为间隔期进行功能检测时，t_i 表示第 i 个检测点（$i=1, 2, \cdots$）。单元有两种维修情况如

图2-16所示，图2-16（a）表示在两次功能检测中间发生功能故障后进行故障维修，图2-16（b）则表示在功能检测点检测到潜在故障后进行潜在故障维修。

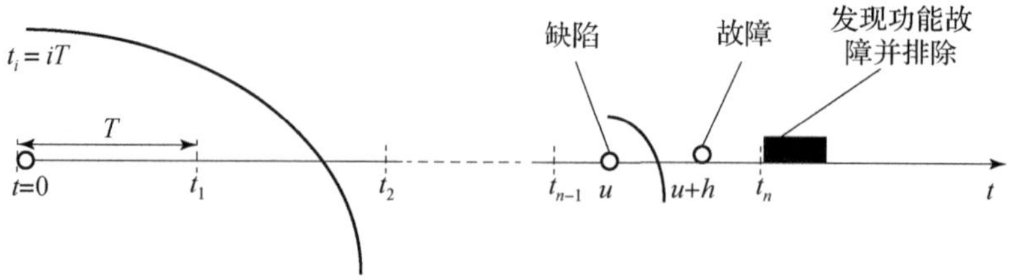

(a) 情况1

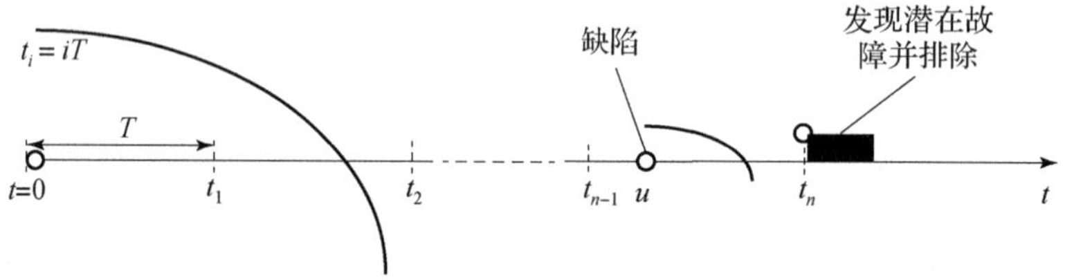

(b) 情况2

图2-16　功能检测中的两种维修情况

假设潜在初始缺陷时间 u 的概率密度函数为 $g(u)$，累积分布函数为 $G(u)$。故障延迟时间 h 的密度函数为 $f(h)$，分布函数为 $F(h)$。则在 t_i 时刻前发生故障更新概率的具体数值为 $g(u)\mathrm{d}uF(t_i-u)$，在 t_i 时刻发生检测更新概率具体为 $g(u)\mathrm{d}u\{1-F(t_i-u)\}$。在（$t_{i-1}$，$t_i$）上进行函数积分可得到在（$t_{i-1}$，$t_i$）上发生进行故障维修的概率为

$$P_f(t_{i-1},t_i)=\int_{t_{i-1}}^{t_i}g(u)F(t_i-u)\mathrm{d}u \tag{2-1}$$

t_i 时刻发生对潜在故障进行维修的概率为

$$P_m(t_{i-1},t_i)=\int_{t_{i-1}}^{t_i}g(u)\{1-F(t_i-u)\}\mathrm{d}u \tag{2-2}$$

定期更换策略主要包括成组更换策略和工龄更换策略两类。目前常用的定期更换策略为一维定期更换策略。但随着现在装备单元技术复杂度越来越高，性能越来越先进，很多装备单元的故障规律受多种因素（单元的

运行时间、使用时间、行驶里程等）的影响，在对这种装备进行维修时，若只给出关于时间的一维定期更换间隔期会忽略其他影响因素对故障规律的作用，造成维修不及时的情况出现。本书根据定期更换策略特点，结合二维保修的特点，分析二维成组更换和二维工龄更换策略。

二维成组更换策略，就是根据单元投入使用后所经历的时间和使用程度进行定期更换。二维成组更换间隔期可表示为（T_0，U_0），其中时间间隔期为 T_0，使用程度间隔期为 U_0。无论单元的时间或使用程度到达给定间隔期阈值（“先到先服务”），则对单元进行更换。即使单元在两次定期更换之间因功能故障进行了更换维修，到达预定的定期更换时刻也需进行更换。二维成组更换过程如图 2-17 所示。

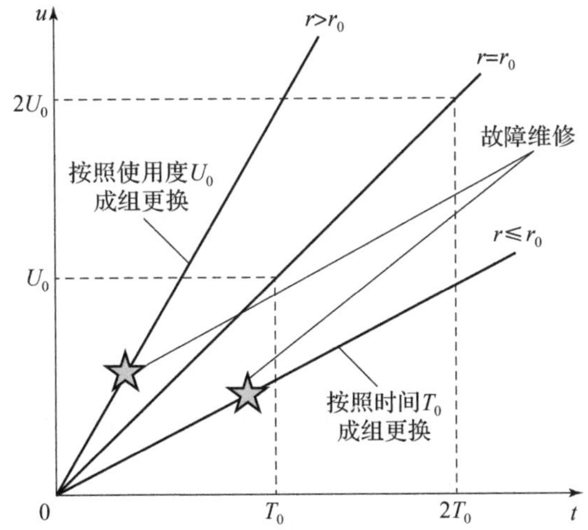

图 2-17　二维成组更换策略

令 $r_0 = U_0/T_0$，从图中可以看出根据装备使用率 r 可将装备二维成组更换工作分为两种情况。

情况 1：$r > r_0$，仅按照使用程度 U_0 进行成组更换，则使用率为 r 的装备进行成组更换的时刻为 U_0/r，$2U_0/r$，…。

情况 2：$r \leq r_0$，仅按照时间 T_0 进行成组更换，则使用率为 r 的装备进行成组更换的时刻为 T_0，$2T_0$，…。

二维工龄更换策略是指若单元在使用过程中没有发生故障，则按照规定的二维工龄（日历时间与使用程度）进行定期更换；如果在规定的时间（二维工龄间隔期）内发生故障，则对故障单元进行修复性维修，维修后重新开始对工龄进行计时。工龄更换策略相比定期更换策略具有一定的灵活性。二维工龄更换过程如图 2－18 所示。

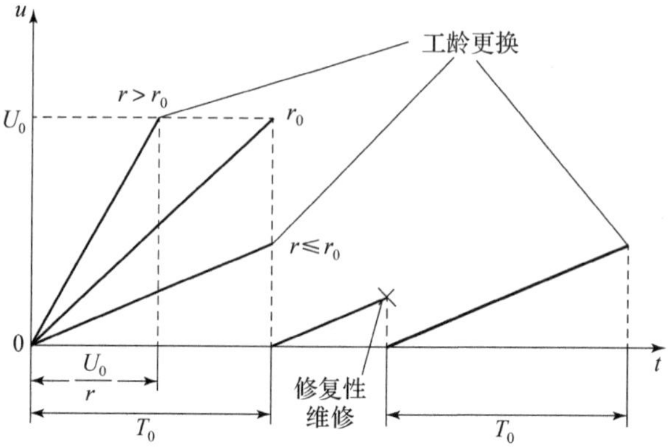

图 2－18　二维工龄更换策略

2.5.2　维修程度建模方法

对装备进行维修后，根据装备的恢复程度，可将维修分为完全维修、最小维修和不完全维修。完全维修后装备恢复如新，最小维修后单元则是修复如旧。若在维修周期 T 内仅对装备进行修复性维修，根据装备的恢复程度，装备在维修周期内的期望故障次数可表示为

$$EN_b(T) = \begin{cases} \int_0^T [1 + EN_b(T - t)] \mathrm{d}F(t), & \text{完全维修} \\ \int_0^T \lambda(t) \mathrm{d}t, & \text{最小维修} \end{cases} \tag{2-3}$$

不完全维修是对单元进行维修后，单元的状态会介于完全维修（“修复如新”）和最小维修（“修复如旧”）之间。例如，在对故障系统进行更

换维修时，不是对整个系统进行更换，而是对组成系统的个别零部件进行更换。在这种情况下对于系统而言，更换零部件会使得故障系统技术状态有所提高但并不能使其完全恢复到和新品一样。常用的不完全维修建模方法包括虚拟工龄法、故障率回退法和类更新过程法。

虚拟工龄法的原理是假定 $\alpha(0\leqslant\alpha\leqslant1)$ 为第 n 次维修的改善因子，V_n^+ 表示第 n 次维修后系统的虚拟工龄，V_n^- 表示第 n 次维修前系统的虚拟工龄。有两种降低情况，一种是第 n 次维修不能修复发生在（$n-1$）次之前的损伤，仅降低额外的工龄；另一种则是第 n 次维修降低维修前系统的总工龄，即

$$\begin{cases}\text{情况 1}: V_n^+ = V_{n-1}{}^+ + \alpha(V_n^- - V_{n-1}{}^+)\\ \text{情况 2}: V_n^+ = (1-\alpha)V_n^-\end{cases} \tag{2-4}$$

故障率回退法原理是每次维修后降低单元的故障率。假定 $\alpha(0\leqslant\alpha\leqslant1)$ 为改善因子，λ_n^- 为第 n 次不完善维修前系统的故障率，λ_n^+ 为第 n 次不完善维修后系统的故障率，则第 n 次维修后系统的故障率也有两种情况：

$$\begin{cases}\text{情况 1}: \lambda_n^+ = \lambda_{n-1}{}^+ + \alpha(\lambda_n^- - \lambda_{n-1}{}^+)\\ \text{情况 2}: \lambda_n^+ = (1-\alpha)\lambda_n^-\end{cases} \tag{2-5}$$

虚拟工龄法和故障率回退法中对于情况 1，改善因子 $\alpha=0$ 时，维修为完全维修；$\alpha=1$ 时，维修为最小维修。这时改善因子 α 值越低，维修费用越低。对于情况 2，当改善因子 $\alpha=0$ 时，维修为最小维修；$\alpha=1$ 时，维修为完全维修。这时改善因子 α 值越高，维修费用越低。

采用虚拟工龄法方法在情况 1 下利用维修等级 m 作为变量衡量不完全维修程度，即假设改善因子 α 是维修等级 $m(m=0,1,2,\cdots)$ 的函数：

$$\alpha(m) = (1+m)\mathrm{e}^{-m} \tag{2-6}$$

这样可以实现不完全维修的最小程度可能与最小维修相同，但其最大程度不可能达到完善维修的情况。

设$\{N(t),t>0\}$为计数过程，系统的第（$n-1$）次故障到第n次故障之间的时间为X_n。$X_n(n=1,2,\cdots)$为随机变量，若$X_n(n=1,2,\cdots)$之间相互独立且$X_i=\alpha X_{i-1}(i\geqslant 2,\alpha>0)$，则称$\{N(t),t>0\}$为类更新过程。当$\alpha=1$时，$\{N(t),t>0\}$为更新过程，设$X_1$的概率密度函数、累积分布函数、可靠度函数为$f_1(t)$、$F_1(t)$、$R_1(t)$，则有

$$f_n(x)=\frac{1}{\alpha^{n-1}}f_1\left(\frac{1}{\alpha^{n-1}}x\right),F_n(x)=F_1\left(\frac{1}{\alpha^{n-1}}x\right),R_n(x)=R_1\left(\frac{1}{\alpha^{n-1}}x\right) \quad (2-7)$$

当$\alpha>1$时，利用类更新过程可以对修复性维修是不完全维修的情况进行维修建模。当$\alpha<1$时，可以对维修工作提高了系统可靠性的情况进行建模。

第3章　装备保修数据收集、分析与建模

装备保修数据是指在保修期内，与装备维修、更换、退货等售后服务相关的数据。装备保修数据反映了装备在保修期内的性能表现，包括故障率、维修次数、维修费用等关键信息。这些数据对于评估装备质量、优化装备设计、制定装备维修策略以及预测保修费用等方面都具有重要意义。

3.1　装备保修数据分类

产品保修数据主要包括产品生产数据、销售数据和索赔数据。

1. 生产数据

生产数据包括产品生产日期、核心零部件的批次、产品型号信息等，通过生产数据可以追溯发现生产过程中的波动或异常，为质量和可靠性改进提供依据。

2. 销售数据

销售数据包括产品的销售时间、销售地区等信息，其中销售时间一般是投入使用的时间。

3. 索赔数据

索赔数据包括与产品相关的更换、维修、维护信息，是指保修期内索赔过程和维修服务中收集的数据，包括消费者对产品的使用模式、使用强度、运行环境和维修情况等；还包括故障部件数据、故障模式数据、产品的寿命和使用时间数据等；除此之外，质保索赔数据还包括服务相关的数

据，如服务机构（第三方维修机构）的修复活动数据、维修或服务质量数据、维修费用数据等。

索赔数据是进行可靠性分析和保修决策建模的重要数据源，本书根据数据特性，进一步将索赔数据分为装备故障统计数据和状态监测数据。

1）故障统计数据

故障统计数据通常是指在保修期内记录的装备故障事件的信息。这些数据包括了故障发生的时间、故障类型、故障部件、维修措施、维修成本、停机时间等。故障统计数据可以用于分析装备的可靠性、识别故障模式和原因，以及评估维修策略的效果。通过对故障数据的统计分析，可以得出装备的故障率、平均无故障时间（Mean Time Between Failure，MTBF）等关键指标。

2）状态监测数据

状态监测数据是指通过连续或定期监测装备的运行状态而收集的数据。这些数据可能包括振动、温度、电流、油液分析结果、声音谱等。其目的是实时或定期评估装备的健康状况，预测潜在的故障，从而实现视情维修或预测维修。状态监测数据通常需要使用专业的监测设备和数据分析工具来收集和分析，如传感器、数据采集系统、机器学习算法等。

这两种数据类型在保修决策中起着不同的作用。故障统计数据更多地用于事后分析，帮助改进装备设计和维修策略；而状态监测数据则用于事前和事中分析，旨在实现更主动的维修决策，减少故障发生的风险。

在实际应用中，结合这两种数据类型可以更全面地评估装备的可靠性，制定更有效的装备保修策略。

装备保修数据可分为生产相关数据、使用相关数据、服务相关数据以及市场相关数据四类。生产相关数据主要包括装备生产日期、故障部件、故障模式、装备寿命、装备材料来源等。使用相关数据主要包括部队使用装备模式、使用场景、使用强度（如高、中、低三种程度的使用）、运行环境、维修等。服务相关数据主要包括装备修复活动（修理、更换、退换等）、维修或服务质量、维修费用、维修成本、维修工时、维修人员等。市场相关数据主要包括同类产品的销售情况、同类产品的性能、价格、保修策略等。

3.2　装备保修数据来源

装备保修数据主要来源于以下四个方面。

1. 使用部队反馈

使用部队在使用装备过程中遇到问题时，会向装备承制单位或售后服务部门反馈。这些反馈通常包括故障描述、故障时间、维修记录等信息。

2. 售后服务系统

制造商或售后服务部门建立的售后服务系统，会记录所有与维修相关的数据，包括维修请求、维修过程、维修结果、维修费用等。

3. 制造商销售记录

销售记录中包含了产品的销售日期、销售地点、销售渠道等信息，这些信息对于分析装备保修数据的分布和趋势具有重要意义。

4. 第三方机构

第三方机构是指独立于装备制造商（第一方）和装备使用单位（第二方）之外的其他服务机构，强调独立责任和责任分离。如市场调研机构、质量检测机构、鉴定评估机构等相关机构，这些机构可以提供更全面的装备性能评估数据。

3.3 装备保修数据收集

3.3.1 装备保修数据收集方法

1. 建立多渠道报修入口

为了方便客户反馈问题，装备制造商或售后服务部门应建立多渠道报修入口，如在线平台、客服热线等。这些渠道应提供便捷的报修流程，包括填写故障信息、上传照片或视频等证据。

2. 智能信息采集

在报修过程中，可以利用智能信息采集技术提高数据收集的效率和准确性。例如，预设故障类型选项、自动获取设备信息（如设备型号、序列号等）以及利用定位功能获取客户位置信息等。

3. 定期收集与分析

装备制造商或售后服务部门应定期对收集到的保修数据进行整理和分析，以发现潜在的问题和趋势。这可以通过数据分析工具（如 Excel、Python 等）来实现，也可以借助专业的数据分析服务来完成。

3.3.2 装备保修数据收集的难点

1. 数据完整性

由于部队装备使用环境和场景的多样性以及装备使用和维修数据记录过程中的误差，装备保修数据可能存在不完整或不一致的情况。因此，在装备数据收集过程中需要加强数据质量控制，确保数据的完整性和准确性。

2. 数据保密要求

在收集装备保修数据时，需要注意数据安全问题，要确保装备保修数据的安全存储和传输，避免装备保修数据泄露或被滥用。同时，在数据处理过程中也需要遵守相关法律法规和道德规范。

3. 数据标准化

由于不同制造商或售后服务部门的数据记录格式和标准可能存在差异，这可能导致装备保修数据难以统一处理和分析。因此，在装备保修数据收集过程中需要推动装备保修数据标准化工作，建立统一的数据格式和标准。

3.4　装备保修数据分析

装备保修数据分析的目标包括：

(1) 为评估装备可靠性提取信息。

(2) 发现装备设计、装备生产、装备运输、装备储存中存在的问题。

(3) 评估和控制装备全寿命周期费用。

(4) 为研制新装备积累决策数据。

(5) 比较装备的实际性能与预期性能。

(6) 评估或改变装备保修策略。

(7) 为装备发展决策提供数据支持。

(8) 为各级装备业务提供各种信息。

3.5　基于故障统计数据的故障规律建模方法

在进行保修服务决策建模时，首先需要确定系统的故障规律，即确定系统的可靠度函数、累积故障分布函数、故障概率密度函数、故障率函数等。影响系统的故障规律的因素包括日历时间、使用程度（行驶里程、开机时间等）、冲击、应力等。对于仅随单一因素退化的故障规律为一维故障规律，例如常见的单元可靠度函数 $R(t)$ 就是一种典型的一维故障规律表现形式，这时单元的退化受时间 t 影响。对随多个因素退化的故障规律为多维故障规律，目前多维故障规律中最常见的为二维故障规律。通常情况下，符合二维故障规律的单元随时间 t 和使用程度 u 增加逐渐退化，例如常见的单元可靠度函数 $R(t,u)$ 就是一种典型的二维故障规律表现形式。一维故障规律相关研究较多，本节重点对二维故障规律构建方法进行研究。构建二维故障规律模型常用方法有单变量法和双变量法两种。

3.5.1 单变量法

单变量法中一般假设单元的使用程度 u 和时间 t 之间存在线性关系，即 $u=rt$。其中，r 表示单元的使用率。不同使用者对系统的使用率不同，但单个使用者对单元的使用率 r 为常数，可以通过统计得到 r 服从的分布。对于一个给定的使用率 r，故障率函数用 $\lambda(t|r)$ 表示，这个函数是一个关于 t 与 r 的非减函数。单变量法中常用构造故障率函数的方法有直接构造法和加速故障时间法。直接构造法中故障率函数 $\lambda(t|r)$ 为参数集 Θ、使用率 r、时间 t 组成的函数。很多文献根据这一方法给出了不同的 $\lambda(t|r)$ 多项式表达形式。Iskandar 和 Murthy 给出了如下的故障率函数表达式：

$$\lambda(t|r)=\theta_0+\theta_2 t+\theta_3 rt \tag{3-1}$$

Murthy 和 Wilson 进一步给出了故障率的表达式为

$$\lambda(t|r)=\theta_0+\theta_1 r+\theta_2 t+\theta_3 rt \tag{3-2}$$

Moskowitz 和 Chun 考虑了以下的特殊形式：

$$\lambda(t|r)=\theta_0+\theta_1 r+\theta_2 t+\theta_3 rt+\theta_4 t^2+\theta_5 rt^2 \tag{3-3}$$

Yun 和 Kang 同时采用了以下的形式：

$$\lambda(t|r)=\theta_0+\theta_1 r+\theta_2 t^2+\theta_3 rt^2 \tag{3-4}$$

确定表达式中的参数需要通过统计保修期内一段时间内样本的故障时间 t 和发生故障时的使用度值 U 来确定 $\lambda(t|r)$ 与使用率分布函数 $G(r)$ 的

具体表达式，一般步骤如下。

步骤 1：选择系统样本容量为 L（L 个可观察单元的数量），n_i 表示第 i 个单元在保修期内的故障次数（$i=1,\ 2,\ \cdots,\ L$）。$t_{i,j}$ 与 $u_{i,j}$ 分别表示第 i 个单元第 j 次发生功能故障的时间与使用程度（$j=1,\ 2,\ \cdots,\ n_i$）。计算 r_i 的值，$r_i=u_{i,n_k}/t_{i,n_k}$，$1\leqslant i\leqslant L$。

步骤 2：对所有的 r_i 进行分组，共分成 M 组，第 m 个区间用 $[h_{m-1},\ h_m)$ 表示，$0=h_0<h_1<\cdots<h_M<\infty$，绘出 r_i 的直方图。然后通过 r_k 的直方图拟合出使用率 r 的概率密度函数 $g(r)$。

步骤 3：$\bar{h}_m$ 表示区间 $[h_{m-1},\ h_m)$ 的中值，集合 I_m 表示使用率落在这个区间中的所有系统的故障集合。这些系统的使用率全部近似为 $\bar{h}_m$，通过统计集合中的故障数据可以拟合出系统使用率为 $\bar{h}_m$ 的故障率 $\lambda(t\mid\bar{h}_m)$，若拟合的故障率服从正态分布，则统计结果如图 3－1 所示。

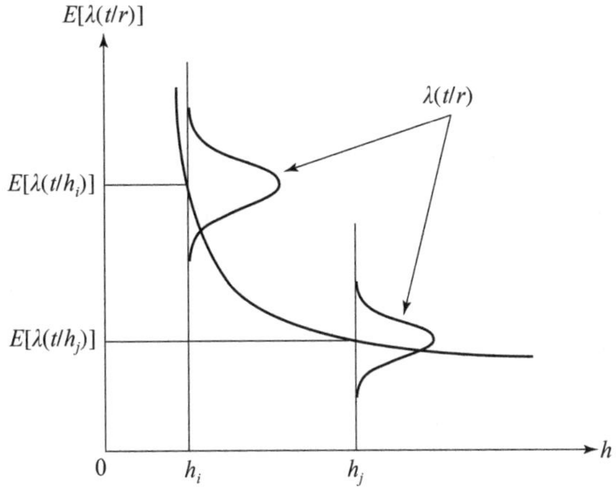

图 3－1　不同使用率下的单元故障率函数

步骤 4：把所有特定使用率下拟合出的故障率曲线放在三维的立体空间，就可以通过这些曲线拟合出一个三维曲面，即关于 t 和 r 的二维故障率函数表达式 $\lambda(t\mid r)$。

加速故障时间法是建立在加速寿命试验机理上的一种构造单元二维故障规律方法。利用规定使用率 r_0 下的累积故障分布函数来构造使用率 r 下的累积故障分布函数。$T_0(T_r)$ 表示在使用率 $r_0(r)$ 下单元的故障间隔时间，则有

$$\frac{T_r}{T_0} = \left(\frac{r_0}{r}\right)^{\gamma} \tag{3-5}$$

其中，$\gamma \geqslant 1$ 为加速因子。T_0 的分布函数为 $F_0(t;\alpha_0,\beta)$，α_0 为尺度参数，β 为形状参数。T_r 的分布函数为 $F(t;\alpha(r),\beta)$，则有

$$\frac{\alpha(r)}{\alpha_0} = \left(\frac{r_0}{r}\right)^{\gamma} \tag{3-6}$$

尺度参数会随着使用率变化而变化，形状参数不会因使用率的变化而变化，这时使用率 r 的 T_r 的分布函数可以表示为

$$F(t;\alpha(r),\beta) = F_0\left(t;\alpha_0\left(\frac{r_0}{r}\right)^{\gamma},\beta\right) \tag{3-7}$$

3.5.2 双变量法

双变量法可分为直接构造法和边际函数法。

直接构造法就是不管 t 和 u 的关系，直接选取一个二元联合函数 $F(t,u)$ 表示累积故障分布函数。二元分布函数的表达式较多，形式也较复杂，需要注意两个变量的量纲和数量级。这类方法一般假设时间和使用度都是连续变量或都是离散变量，表达式通常具有对称性，很难描述两个变量的尾部相关性，常见的表示形式有

$$F(t,u;\theta) = 1 - \exp\left\{-\left[\left(\frac{t}{\theta_T}\right)^{\beta_T/\delta}\right] + \left[\left(\frac{u}{\theta_U}\right)^{\beta_U/\delta}\right]^{\delta}\right\} \tag{3-8}$$

$$\begin{aligned} F(t,u;\theta) = {} & 1 - \exp[-(\lambda_1+\rho)t] - \exp[-(\lambda_2+\rho)u] \\ & + \exp[-\lambda_1 t - \lambda_2 u + \rho\max(t,u)] \end{aligned} \tag{3-9}$$

其中，$\max(t,u)$ 为取最大值函数。

边际函数法则是利用边际函数 $F_1(t)$ 和 $F_2(u)$ 构造联合分布函数 $F(t,u)$，利用 Copula 函数可以实现这一过程。Copula 函数是描述具有相关性的多个随机变量互相作用结果的函数，可将多维随机变量的联合分布用各个随机变量的一维边际分布表示出来。若定义 [0, 1] 为 I，$C(v_1,v_2,\cdots,v_d)$ 为定义在单位体积 $[0,1]^d$（I^d）上的 d 维 Copula 函数，$\mathrm{Ran}(C)=\mathrm{Ran}(v_i)=I$（$\mathrm{Ran}(*)$ 表示函数 $*$ 的值域），则函数 $C(v_1,v_2,\cdots,v_d)$ 具有以下性质：

性质 1：若对任意 $i\in\{1,2,\cdots,d\}$，存在 $v_i=0$，则 $C(v_1,v_2,\cdots,v_d)=0$。

性质 2：若对任意 $i\in\{1,2,\cdots,d\}$，除 v_i 外，其他元素均为 1，则 $C(1,\cdots,u_i,\cdots,1)=u_i$。

性质 3：对任意 $u_j<v_j(j\in\{1,2,\cdots,d\})$，有 $\sum_{i_1=1}^{2}\cdots\sum_{i_d=1}^{2}(-1)^{i_1+\cdots+i_d}C(w_{1,i_1},\cdots,w_{d,i_d})\geqslant 0$，其中，$(u_1,\cdots,u_d),(v_1,\cdots,v_d)\in[0,1]^d$。其中，$w_{j,1}=u_j$，$w_{j,2}=v_j$。性质 3 等价于 $\frac{\partial^n C(v_1,v_2,\cdots,v_d)}{\partial v_1\cdots\partial v_n}\geqslant 0$。以二元函数为例，对性质 3 进行说明，对任意 $[u_1,u_2]\times[v_1,v_2]\in[0,1]^2$，$u_j<v_j(j\in\{1,2\})$，则 $C(u_1,u_2)+C(v_1,v_2)-C(v_1,u_2)-C(u_1,v_2)\geqslant 0$。

根据 Sklar 定理，令 G 为 d 维向量（x_1，x_2，…，x_d）的联合分布函数，边缘分布分别为 F_1，F_2，…，F_d，F_i（x_i）为不减函数且 $\mathrm{Ran}(F_i)=I$，则存在一个 Copula 函数 C，使得

$$G(x_1,x_2,\cdots,x_d)=C(F_1(x_1),F_2(x_2),\cdots,F_d(x_d)) \qquad (3-10)$$

成立。若 F_1，F_2，…，F_d 都是连续分布函数，则在 $\mathrm{Ran}(F_1)\times\mathrm{Ran}(F_2)\times\cdots\times\mathrm{Ran}(F_d)$ 上 $E[CR]$ 是唯一的。这样可以利用 Copula 函数将具有连续边际分布的多元分布函数表示为这些边际分布的组合。而 Copula 函数在表示随机变量之间相关性时，可以描述随机变量之间的非线性相关性。Copula 函数可分为对称 Copula 和非对称 Copula 函数。常用的二元对称 Copula 有 Gaussian Copula、t - Copula、Gumbel Copula、Clayton Copula 和 Frank Copula，其表达式分别如式

(3-11)~式(3-15)所示。

$$\text{Gaussian Copula}: C(u,v) = \int_{-\infty}^{\Phi^{-1}(u)} \int_{-\infty}^{\Phi^{-1}(v)} \frac{1}{2\pi\sqrt{1-\rho^2}} \exp\left[-\frac{x^2+y^2-2\rho xy}{2(1-\rho^2)}\right] \mathrm{d}x\mathrm{d}y \tag{3-11}$$

其中，$\Phi^{-1}(*)$表示标准正态分布函数的逆，ρ为相关系数。

$$t-\text{Copula}: C(u,v) = \int_{-\infty}^{t_v^{-1}(u)} \int_{-\infty}^{t_v^{-1}(v)} \frac{1}{2\pi\sqrt{1-\rho^2}} \left(1-\frac{2\rho xy - x^2 - y^2}{v(1-\rho^2)}\right)^{-\frac{v+2}{2}} \mathrm{d}x\mathrm{d}y \tag{3-12}$$

其中，$t_v(x) = \int_{-\infty}^{x} \frac{\Gamma((v+1)/2)}{\sqrt{\pi v}\Gamma(v/2)} \left(1+\frac{s^2}{v}\right)^{\frac{v+2}{2}} \mathrm{d}s$，表示自由度为$v$的$t$分布函数，$t_v^{-1}(*)$为$t_v(*)$的逆。

$$\text{Gumbel Copula}: C(u,v) = \exp\{-[(-\ln u)^{1/\theta} + (-\ln v)^{1/\theta}]^{\theta}\}, \theta \in (0,\infty) \tag{3-13}$$

$$\text{Clayton Copula}: C(u,v) = \max([u^{-\theta} + v^{-\theta} - 1]^{-1/\theta}, 0), \theta \in [-1,\infty) \text{且} \theta \neq 0 \tag{3-14}$$

$$\text{Frank Copula}: C(u,v) = -\frac{1}{\theta}\ln\left(1+\frac{(\mathrm{e}^{-\theta u}-1)(\mathrm{e}^{-\theta v}-1)}{\mathrm{e}^{-\theta}-1}\right), \theta \in [-1,\infty) \text{且} \theta \neq 0 \tag{3-15}$$

对称Copula函数很难描述变量之间的尾部相关性，而非对称Copula函数可以解决这一点。非对称Copula主要由对称Copula函数组成。根据Copula性质和文献建立非对称Copula函数，假设$C(v_1, v_2, \cdots v_d)$为对称Copula函数，非对称Copula函数为$\bar{C}(v_1, v_2, \cdots, v_d)$，则

$$\begin{aligned}
\bar{C}(v_1,v_2,\cdots,v_d) &= \sum_{k=0}^{d} p_k \breve{C}_k(v_1,v_2,\cdots,v_d) \\
\breve{C}_k(v_1,v_2,\cdots,v_d) &= C(v_1,\cdots,v_{k-1},1,v_{k+1},\cdots,v_d) - \\
&\quad C(v_1,\cdots,v_{k-1},1-v_k,v_{k+1},\cdots,v_d) \\
\breve{C}_0(v_1,v_2,\cdots,v_d) &= C(v_1,\cdots,v_{k-1},v_k,v_{k+1},\cdots,v_d)
\end{aligned} \tag{3-16}$$

其中，$\sum_{k=0}^{d} p_k = 1$，$0 \leqslant p_k \leqslant 1$。下面以二维非对称 Copula 函数为例，说明上述构造方法。设 $C(v_1, v_2)$ 为对称 Copula，表示为

$$\begin{aligned} C(v_1, v_2) &= v_1 + v_2 - 1 + C_0(1 - v_1, 1 - v_2) \\ C_0(v_1, v_2) &= \exp\{-[(-\ln(v_1))^{\theta} + (-\ln(v_2))^{\theta}]^{1/\theta}\} \end{aligned} \tag{3-17}$$

则非对称 Copula 函数的 $\bar{C}(v_1, v_2)$ 为

$$\begin{aligned} \bar{C}(v_1, v_2) = {} & p_0[v_1 + v_2 - 1 + C_0(1 - v_1, 1 - v_2)] \\ & + p_1[v_1 - C_0(v_1, 1 - v_2; \theta_2)] + \\ & p_2[v_2 - C_0(1 - v_1, v_2; \theta_2)], \sum_{i=0}^{2} p_i = 1 \end{aligned} \tag{3-18}$$

确定 Copula 函数中的参数需要通过统计保修期内一段时间内样本的故障时间 t 和发生故障时的使用程度 u，具体步骤如下：

步骤 1：通过数据收集获得样本 n 的故障时间 t_i 和故障时的使用度 u_i，然后利用一维数据统计处理方法分别画出故障时间和故障时的使用度的直方图。

步骤 2：对故障时间 t_i 和故障时的使用度 u_i 拟合分布，确定 $F(t)$ 和 $G(u)$。选择合适的 Copula 函数表达式（可能为多个），然后利用样本数据对 Copula 函数 $C(F(t), G(u), \Theta)$ 中的参数 Θ 进行估计确定参数值。

步骤 3：利用择优标准选择最合适的 Copula 函数表达式。Copula 函数类型较多，选取合适的 Copula 的形式的常用的方法是通过 AIC（Akaike Information Criteria）或 BIC（Bayesian Information Criteria）选择。AIC 和 BIC 都适用于检验利用极大似然估计（MLE）得到的 Copula 函数。

$$\mathrm{AIC} = -2\ln(\mathrm{MLE}) + 2k \tag{3-19}$$

$$\mathrm{BIC} = -2\ln(\mathrm{MLE}) + k\ln n \tag{3-20}$$

其中，n 是样本容量，k 为 Copula 函数中参数个数。

3.6 基于状态监测数据的退化过程建模方法

首先介绍基于状态监测数据的一元退化过程模型和二元退化过程模型，然后深入探讨系统可靠度模型的建立以及参数估计的方法，为考虑视情维修的保修决策提供支持。

3.6.1 一元退化过程模型

Gamma 过程和 Wiener 过程均属于独立增量过程。由于其具有良好的数学计算性质，且能够有效描述退化过程中的随机性，因此，被广泛应用于系统性能退化过程建模。下面对 Gamma 过程和 Wiener 过程的定义和性质进行介绍，为后续建立多元相关退化模型奠定基础。

对于 Gamma 过程而言，在任意时间间隔［t_1，t_2］内，系统退化增量 $X(t_2)-X(t_1)$ 服从 Gamma 分布，其对应的概率密度函数和累积分布函数为

$$\begin{cases} f_{t_1,t_2}(x\mid\alpha,\beta)=\dfrac{1}{\Gamma(\alpha(t_2-t_1))\beta^{\alpha(t_2-t_1)}}x^{\alpha(t_2-t_1)-1}\mathrm{e}^{-\frac{x}{\beta}}I_{x\geqslant 0} \\ F_{t_1,t_2}(x\mid\alpha,\beta)=1-\dfrac{\Gamma\left(\alpha(t_2-t_1),\dfrac{x}{\beta}\right)}{\Gamma(\alpha(t_2-t_1))} \end{cases} \tag{3-21}$$

其中，$\alpha>0$ 和 $\beta>0$ 分别为 Gamma 过程及对应 Gamma 分布的形状参数和尺度参数，$\Gamma(\alpha)=\int_0^{\infty}r^{\alpha-1}\mathrm{e}^{-r}\mathrm{d}r$ 为 Gamma 函数，$\Gamma(\alpha,x)=\int_x^{\infty}r^{\alpha-1}\mathrm{e}^{-r}\mathrm{d}r$ 为不完全 Gamma 函数，$I_{x\geqslant 0}$ 为示性函数，$I_{x\geqslant 0}=\begin{cases}1, & x\geqslant 0\\ 0, & x<0\end{cases}$。

对于系统性能退化失效，通常假设累积退化量达到特定阈值（故障阈值）时，认为系统发生故障，而对应的时间即为系统故障时间，这里令系

统故障阈值为 L。在现有文献中，基于退化过程定义系统寿命的方式主要有两种。

（1）系统寿命定义为 $T=\{t:X(t)\geqslant L\}$。在 t 时刻如果性能退化量达到故障阈值，即认为系统发生故障，且故障时间为 t，不考虑在时间区间 $(0,\ t]$ 内退化过程变化情况。

（2）系统寿命定义为 $T=\inf\{t:X(t)\geqslant L\}$，这是一种基于首达时间的定义。将在时间区间 $(0,\ t]$ 内退化量首次达到故障阈值的时间作为系统故障时间。

两种寿命定义方式有不同的适用范围，对于可靠度要求较高或故障损失较大的系统，基于首达时间的定义能够更为充分评估系统故障风险，进而及时安排维修工作，避免故障引发的损失。但在有些研究中认为，基于退化过程首达时间的系统寿命定义很可能导致系统过度维修，不能充分利用系统使用寿命。

根据定义，Gamma 过程为单调非减随机过程。在式（3－21）基础上，可得系统寿命 T 的分布为

$$F_T(t)=P(T\leqslant t)=$$

$$P(X(t)\geqslant L)=1-P(X(t)<L)=1-F_{0,t}(L|\alpha,\beta)=\frac{\Gamma\left(\alpha t,\frac{L}{\beta}\right)}{\Gamma(\alpha t)},t>0 \tag{3-22}$$

对应的系统寿命 T 的概率密度函数为

$$f_T(t)=\frac{\alpha}{\Gamma(\alpha t)}\int_{\frac{L}{\beta}}^{+\infty}(\ln(z)-\psi(\alpha t))z^{\alpha t-1}e^{-z}dz,t>0 \tag{3-23}$$

其中，$\psi(s)$ 为对数 Gamma 函数，$\psi(s)=\dfrac{\Gamma'(s)}{\Gamma(s)}=\dfrac{\partial\ln\Gamma(s)}{\partial s},s>0$。

具有线性漂移的 Wiener 过程可表示为

$$X(t)=\lambda t+\sigma B(t) \tag{3-24}$$

其中，λ 为 Wiener 过程的漂移系数，表征退化过程的平均趋势。$\sigma>0$ 为扩散系数，表征退化过程的随机性。$B(t)$ 表示标准布朗运动，用于描述退化过程在时间维度上的不确定性，$B(t)\sim N(0,1)$。由以上定义可知 $X(t)\sim N(\lambda t,\sigma^2 t)$，正态分布概率密度函数和分布函数较为常见，这里不再重复列出。

根据 Wiener 退化过程性质，在第一种定义下，即 $T=\{t:X(t)\geqslant L\}$，系统寿命分布函数为

$$\begin{aligned} F_T(t) &= P(T\leqslant t)=P(X(t)\geqslant L)=1-P(X(t)<L) \\ &= 1-\Phi\left(\frac{L-\lambda t}{\sigma\sqrt{t}}\right)=\Phi\left(\frac{\lambda t-L}{\sigma\sqrt{t}}\right) \end{aligned} \tag{3-25}$$

对应概率密度函数为

$$f_T(t)=\frac{\lambda t+L}{2\sigma\sqrt{2\pi t^3}}\exp\left(-\frac{(L-\lambda t)^2}{2\sigma^2 t}\right) \tag{3-26}$$

以上分布函数和概率密度函数是基于正态分布得到的。

在第二种定义下，即 $T=\inf\{t:X(t)\geqslant L\}$，系统寿命 T 服从逆高斯分布。由此，系统寿命分布函数和概率密度函数分别为

$$\begin{cases} F_T(t)=\Phi\left(\dfrac{\lambda t-L}{\sigma\sqrt{t}}\right)+\exp\left(\dfrac{2\lambda L}{\sigma^2}\right)\Phi\left(\dfrac{-L-\lambda t}{\sigma\sqrt{t}}\right) \\ f_T(t)=\dfrac{L}{\sigma\sqrt{2\pi t^3}}\exp\left(-\dfrac{(L-\lambda t)^2}{2\sigma^2 t}\right) \end{cases} \tag{3-27}$$

在以上关于 Gamma 过程和 Wiener 过程的研究中，均认为退化过程是平稳的，即退化量的期望与时间呈线性关系。在工程实际中，很多系统的性能退化过程并不是线性的，如加速退化过程就具有非线性特征。针对这种情况，可将时间尺度变换函数引入退化过程模型，即将时间 t 变为 $\Lambda(t;\gamma)$，其中 γ 为时间尺度变换函数中的未知参数，通常 $\Lambda(t;\gamma)$ 为关于时间的非减函数。采用时间尺度变换函数可以将非线性退化过程转变为线性退化过程处理，所以以上关于线性退化过程的性质和结论在非线性情况

下仍然适用。令 $T_t(L)$ 表示线性情况下的系统寿命，$T_\Lambda(L)$ 表示非线性情况下的系统寿命，两者关系如下：

$$P(T_\Lambda(L) \leqslant t) = P(T_t(L) \leqslant \Lambda(t;\gamma)) \tag{3-28}$$

通过式（3－28）即可利用线性退化过程的系统寿命分布表达式推导非线性退化过程的寿命分布。关于非线性退化过程的分析和寿命分布函数具体形式将在 3.6.2 节和 3.6.3 节中给出。

由 Gamma 过程和 Wiener 过程的定义可知，两种系统性能退化过程模型的性质存在明显区别，其适用范围也会有所不同。Gamma 退化过程和 Wiener 退化过程的主要区别在于 Gamma 退化过程为单调非减随机过程，而 Wiener 退化过程为非单调随机过程。

Gamma 退化过程又称跳跃过程，是由许多服从 Gamma 分布的相互独立随机增量组成的随机过程，其样本轨迹不连续。这种特性使其适用于描述由微小退化增量随时间单调累加形成的累积损伤过程，如材料的磨损、疲劳、腐蚀、裂纹扩展、侵蚀、蠕变、膨胀、锈蚀等。对于单调递减的退化过程，仍可采用上述 Gamma 过程描述，只需令 $X(t) = X(0) - X(t)$ 作为系统性能退化量，通过这种方法将其转变为单调递增的退化过程，对应的故障阈值变为 $X(0) - L$。不同于 Gamma 过程，Wiener 过程是基于布朗运动提出的，具有连续样本轨迹。布朗运动是由大量分子无规则撞击形成的，由于在一定时间内分子撞击次数很大，根据中心极限定理其位移近似服从正态分布，所以 Wiener 过程退化增量并不一定大于 0，导致了 Wiener 过程的非单调特性。因此，Wiener 过程适用于描述由大量微小退化增量累加形成的非单调退化过程。由以上分析可以看出，Gamma 退化过程和 Wiener 退化过程在适用范围上有所区别，但两者均可描述由微小退化增量累加形成的退化过程，只是退化增量的具体分布和取值范围有所区别。通过对比 Gamma 过程和 Wiener 过程寿命分布可以看出，当退化过程 $E[X(t)] \gg \sqrt{D[X(t)]}$ 时，Gamma 过程寿命分布函数与 Wiener 过程第一种定义下的寿命分布函数具有相同的形式。图 3－2 给出了不同期望 $E[X(t)]$ 和方差 $D[X(t)]$ 取值下，基于 Gamma 过程和 Wiener 过程的退化过程寿命分布对比情况，其中故障阈值 $L=10$。

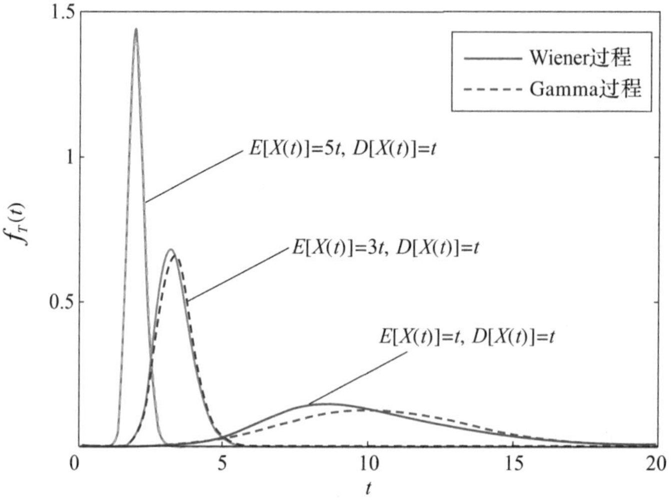

图 3－2 Gamma 退化过程和 Wiener 退化过程寿命分布对比

由图 3－2 可以看出，相对于 $D[X(t)]$，当退化过程期望 $E[X(t)]$ 值较大时，Gamma 过程与 Wiener 过程寿命分布概率密度曲线很接近。这说明对于 Wiener 过程，当其漂移系数较大而扩散系数较小时（即 $E[X(t)] \gg \sqrt{D[X(t)]}$），可以保证 $P\{X(t_2)-X(t_1)\geqslant 0\}\approx 1$。因此，通过选取合适的参数值，Wiener 过程也可以用来近似描述单调退化过程。

3.6.2 多元退化过程模型

一元退化模型中假设只采用一个指标即可充分反映系统退化状态。而随着产品和装备的功能结构的日益复杂化，在工程实践中，许多系统的退化过程需要通过多个性能指标共同进行描述。在这种情况下，上述一元退化模型就不能有效表征系统性能退化过程，需要对多元退化建模方法问题进行研究。

假设系统存在 n 个性能参数指标，每个指标退化均服从 Gamma 过程或 Wiener 过程，且由于受到共同内外部环境影响，系统性能指标退化间存在相关性。为方便后续建立相关模型，定义系统第 $i(i=1,2,\cdots,n)$ 个性能退化过程在时间区间 $[t_1, t_2]$ 上的退化增量为

$$\Delta X_i(t_1,t_2)=X_i(t_2)-X_i(t_1) \tag{3-29}$$

对于 Gamma 退化过程，$\Delta X_i(t_1,t_2)$ 的分布可由式（3-21）得到；对于 Wiener 退化过程，根据其性质可得

$$\Delta X_i(t_1,t_2)\sim N(\lambda_i(t_2-t_1),\sigma_i^2(t_2-t_1)) \tag{3-30}$$

在以往基于 Copula 函数的相关性失效研究中，通常利用 Copula 函数描述不同寿命分布或累积退化量分布间的相关性。然而，鉴于 Gamma 过程和 Wiener 过程的独立增量特性，所以在本书中考虑系统不同性能退化过程增量间的相关性，这样可以降低对相关性模型确定过程中所需数据的要求。此外，为便于实际应用，给出如下假设：在不同时间区间内，系统 n 个性能指标退化增量间的相关性可以忽略。以系统在 $t_k(k=1,2,\cdots)$ 时刻的退化量为例对该假设进行说明，若 $k\neq l$，则退化增量 $\Delta X_i(t_k,t_{k+1})$ 和 $\Delta X_j(t_l,t_{l+1})$ 相互独立，其中 i，$j=1$，2，…，n，且 $i\neq j$；否则，需要考虑 $\Delta X_i(t_k,t_{k+1})$ 和 $\Delta X_j(t_l,t_{l+1})$ 之间的相关性。在以上假设基础上，根据 Sklar 定理，在相同时间区间 $[t_1,t_2]$ 内，系统退化增量 $[\Delta X_1(t_1,t_2),\Delta X_2(t_1,t_2),\cdots,\Delta X_n(t_1,t_2)]$ 的联合分布函数可表示为

$$\begin{aligned}H_{t_1,t_2}(x_1,x_2,\cdots,x_n)&=P\left\{\bigcap_{i=1}^{n}[\Delta X_i(t_1,t_2)\leqslant x_i]\right\}\\&=C(u_1,u_2,\cdots,u_n;\boldsymbol{\theta})\\&=C(F_{t_1,t_2}^{(1)}(x_1),F_{t_1,t_2}^{(2)}(x_2),\cdots,F_{t_1,t_2}^{(n)}(x_n);\boldsymbol{\theta})\end{aligned} \tag{3-31}$$

对应的联合分布概率密度函数为

$$h_{t_1,t_2}(x_1,x_2,\cdots,x_n) = c(F_{t_1,t_2}^{(1)}(x_1),F_{t_1,t_2}^{(2)}(x_2),\cdots,F_{t_1,t_2}^{(n)}(x_n);\boldsymbol{\theta}) \times \prod_{i=1}^{n} f_{t_1,t_2}^{(i)}(x_i) \tag{3-32}$$

其中，$\boldsymbol{\theta}$ 为 Copula 函数中的相关性参数向量，$F_{t_1,t_2}^{(i)}(x_i)$ 和 $f_{t_1,t_2}^{(i)}(x_i)$ 分别表示第 i 个性能退化过程增量 $\Delta X_i(t_1,t_2)$ 的分布函数和密度函数。如上所述，对于 Gamma 退化过程，$F_{t_1,t_2}^{(i)}(x_i)$ 和 $f_{t_1,t_2}^{(i)}(x_i)$ 可由式（3－28）得到。对于 Wiener 退化过程，可由正态分布得到，$F_{t_1,t_2}^{(i)}(x_i)$ 和 $f_{t_1,t_2}^{(i)}(x_i)$ 可表示为

$$\begin{cases} F_{t_1,t_2}^{(i)}(x_i) = \Phi\left(\dfrac{x_i - \lambda_i(t_2 - t_1)}{\sigma_i\sqrt{t_2 - t_1}}\right) \\ f_{t_1,t_2}^{(i)}(x_i) = \dfrac{1}{\sigma_i\sqrt{2\pi(t_2 - t_1)}}\exp\left(-\dfrac{[x_i - \lambda_i(t_2 - t_1)]^2}{2\sigma_i^2(t_2 - t_1)}\right) \end{cases} \tag{3-33}$$

在上述基于 Copula 函数的模型基础上，提出多元相关退化过程仿真方法，得到系统退化样本轨迹，为后续维修费用 MC 仿真分析和视情维修决策模型验证奠定基础。根据 Gamma 过程和 Wiener 过程的独立增量特性，可采用序贯抽样法对多元相关退化过程进行仿真。具体步骤如下：

（1）设置系统性能退化量初始值为 $X_i(0)=0, i=1,2,\cdots,n$，仿真时间步长为 Δt，即采样时间间隔为 Δt，仿真终止时间为 T_{term}，当前仿真次数为 $k=1$；

（2）设置当前仿真时间为 $t=k\Delta t$，产生相应的 n 维 Copula 随机数向量 $[u_1,u_2,\cdots,u_n]$；

（3）通过分布函数逆函数得到 Δt 时间内的退化增量随机样本 $[\Delta x_1,\Delta x_2,\cdots,\Delta x_n]$，其中 $\Delta x_i = F_{t,t+\Delta t}^{(i)(-1)}(u_i)$；

（4）令 $X_i(k\Delta t) = X_i((k-1)\Delta t) + \Delta x_i$，如果当前仿真时间 $t \leqslant T_{\text{term}}$，令 $k=k+1$，并返回第（2）步；如果 $t > T_{\text{term}}$，执行第（5）步；

（5）结束仿真，可得到退化过程样本点 $(k\Delta t, X_i(k\Delta t))$，其中 $k=1$，2，…；将所有样本点相连即可得到一组对应多元相关退化过程的样本轨

迹，显然，仿真步长 Δt 值越小，得到的样本轨迹越接近实际退化过程。

基于上述仿真方法，以 Clayton Copula 为例，令系统性能指标个数 $n=3$，对其相关退化过程进行仿真，所得退化轨迹如图 3－3 所示。其中，Copula 相关性参数 $\theta=5$，Gamma 退化过程参数为（$\alpha_i=3$，$\beta_i=1$），Wiener 退化过程参数为（$\lambda_i=2$，$\sigma_i=1$）。

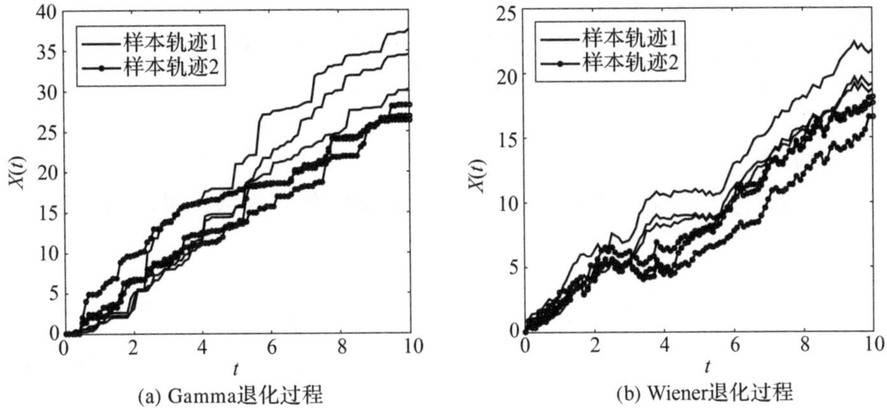

图 3－3　多元相关退化过程样本轨迹

3.6.3　系统可靠度模型

在多元相关退化模型基础上，对系统可靠性进行分析。令系统 n 元退化过程故障阈值集合为 $\boldsymbol{L}=(L_1, L_2, \cdots, L_n)$，这里假设各性能退化过程引起的系统故障间是竞争失效关系，即任意性能指标退化量超过其对应故障阈值，系统就会发生故障。

根据基于 Copula 函数的多元相关退化模型和系统寿命定义，在 Gamma 退化过程下，系统可靠度函数可表示为

$$
\begin{aligned}
R_{\text{sys}}(t) &= P\left\{\bigcap_{i=1}^{n}(X_i(t)<L_i)\right\} = H_{0,t}(L_1, L_2, \cdots, L_n) \\
&= C(F_{0,t}^{(1)}(L_1), F_{0,t}^{(2)}(L_2), \cdots, F_{0,t}^{(n)}(L_n); \boldsymbol{\theta}) \qquad (3-34)
\end{aligned}
$$

其中，$F_{0,t}^{(i)}(L_i)$ 可由式（3－21）得到。在此基础上，系统故障分布和概

率密度函数可分别表示为

$$\begin{cases} F_{\mathrm{sys}}(t) = 1 - R_{\mathrm{sys}}(t) = 1 - C(F_{0,t}^{(1)}(L_1), F_{0,t}^{(2)}(L_2), \cdots, F_{0,t}^{(n)}(L_n); \boldsymbol{\theta}) \\ f_{\mathrm{sys}}(t) = \dfrac{\mathrm{d}F_{\mathrm{sys}}(t)}{\mathrm{d}t} = -\dfrac{\mathrm{d}R_{\mathrm{sys}}(t)}{\mathrm{d}t} = \\ \qquad -\sum_{i=1}^{n} \dfrac{\partial C(F_{0,t}^{(1)}(L_1), F_{0,t}^{(2)}(L_2), \cdots, F_{0,t}^{(n)}(L_n); \boldsymbol{\theta})}{\partial F_{0,t}^{(i)}(L_1)} \times \dfrac{\mathrm{d}F_{0,t}^{(i)}(L_i)}{\mathrm{d}t} = \\ \qquad \sum_{i=1}^{n} \dfrac{\partial C(F_{0,t}^{(1)}(L_1), F_{0,t}^{(2)}(L_2), \cdots, F_{0,t}^{(n)}(L_n); \boldsymbol{\theta})}{\partial F_{0,t}^{(i)}(L_1)} \times f_{T_i}(t; L_i) \end{cases} \tag{3-35}$$

其中，$f_{T_i}(t;L_i)$表示第 i 个退化过程的寿命分布密度函数，可由式（3－23）得到。

由于在不同寿命分布定义下，一元 Wiener 过程的可靠度函数有所区别。因此，对于多元 Wiener 过程，系统可靠度函数在不同寿命分布定义下的表达式也不同。在第一种定义下，系统可靠度函数形式与 Gamma 退化过程情况类似，可表示为

$$\begin{aligned} R_{\mathrm{sys}}(t) &= P\left\{ \bigcap_{i=1}^{n} (X_i(t) < L_i) \right\} = H_{0,t}(L_1, L_2, \cdots, L_n) \\ &= C(F_{0,t}^{(1)}(L_1), F_{0,t}^{(2)}(L_2), \cdots, F_{0,t}^{(n)}(L_n); \boldsymbol{\theta}) \\ &= C\left(\Phi\left(\frac{L_1 - \lambda_1 t}{\sigma_1 \sqrt{t}}\right), \Phi\left(\frac{L_2 - \lambda_2 t}{\sigma_2 \sqrt{t}}\right), \cdots, \Phi\left(\frac{L_n - \lambda_n t}{\sigma_n \sqrt{t}}\right); \boldsymbol{\theta}\right) \end{aligned} \tag{3-36}$$

在此基础上可得相应的系统故障分布和概率密度函数，其形式也与 Gamma 退化过程类似，这里不再赘述。

在第二种定义下，即首达时间分布定义下，系统可靠度函数可表示为

$$R_{\mathrm{sys}}(t) = P\left\{ \bigcap_{i=1}^{n} (\sup_{s \leqslant t} X_i(t) < L_i) \right\} \tag{3-37}$$

其中，$\sup_{s \leqslant t} X_i(t)$表示 $X_i(t)$在［0，t］内的最大值，也称为 Wiener 最大过程。

根据 Sklar 定理，存在一个 Copula 函数 $\tilde{C}$，使得

$$
\begin{aligned}
R_{\text{sys}}(t) &= P\left\{\bigcap_{i=1}^{n}(\sup_{s\leqslant t}X_i(t) < L_i)\right\} \\
&= \tilde{C}(F_{\sup,t}^{(1)}(L_1), F_{\sup,t}^{(2)}(L_2), \cdots, F_{\sup,t}^{(n)}(L_n); \boldsymbol{\theta}) \\
&= \tilde{C}(1 - F_{T_1}(t;L_1), 1 - F_{T_2}(t;L_2)\cdots, 1 - F_{T_n}(t;L_n); \boldsymbol{\theta}) \quad (3-38)
\end{aligned}
$$

其中，$F_{\sup,t}^{(i)}(L_i|\lambda_i) = P(\sup_{s\leqslant t}X_i(t) < L_i)$，$F_{T_i}(t;L_i)$ 为第 i 个退化过程的寿命分布函数，可由式（3－33）得到。在上式中，Copula 函数 $\tilde{C}$ 描述的是系统各性能指标最大退化过程增量间的相关性。对于单调退化过程，由于 $\sup_{s\leqslant t}X_i(t) = X_i(t)$，所以 $\tilde{C}$ 和 C 是相等的；对于非单调的 Wiener 退化过程，在工程实际中通过退化数据确定 $\tilde{C}$ 难度较大。此时，在多元退化过程仿真基础上，通常可采用 MC 仿真方法得到其故障时间样本，进而拟合系统寿命分布函数。显然这种方法无法给出系统寿命分布的解析表达式，不利于后续建立维修决策模型。因此，本书中采用一种近似方法得到其解析形式的寿命分布函数。根据 3.6.1 节对 Wiener 过程的分析可知，对于具有递增趋势的退化过程，如果其漂移参数较大，使得 $P(\Delta X_i(t_k, t_{k+1}) \geqslant 0) \approx 1$，则可将 $X_i(t)$ 近似看作单调退化过程。为此，在本书中，用 C 代替 $\tilde{C}$，即

$$
\begin{aligned}
R_{\text{sys}}(t) &= \tilde{C}(F_{\sup,t}^{(1)}(L_1), F_{\sup,t}^{(2)}(L_2), \cdots, F_{\sup,t}^{(n)}(L_n); \boldsymbol{\theta}) \\
&\approx C(F_{0,t}^{(1)}(L_1), F_{0,t}^{(2)}(L_2), \cdots, F_{0,t}^{(n)}(L_n); \boldsymbol{\theta}) \quad (3-39)
\end{aligned}
$$

由式（3－39）可以看出，对于多元 Wiener 退化过程，本章中假设两种寿命分布定义下的系统可靠度函数相等。事实上，这种假设是指在分析非单调多元退化过程系统可靠性时采用第一种寿命定义。为验证式（3－39）的有效性，以基于 Frank Copula 函数的二元 Wiener 退化过程为例（$\lambda_1 = 2$，$\sigma_1 = 0.5$；$\lambda_2 = 3$，$\sigma_2 = 1$；$\theta = 5$），用 3.6.2 节中的方法对系统退化过程

进行仿真。令故障阈值为$(L_1,L_2)=(10,15)$，将任意退化过程首次到达故障阈值的时间作为系统故障时间，由此得到5000个系统故障时间样本。在此基础上，将由样本得到的系统寿命经验概率密度函数与解析密度函数对比，结果如图3-4所示。

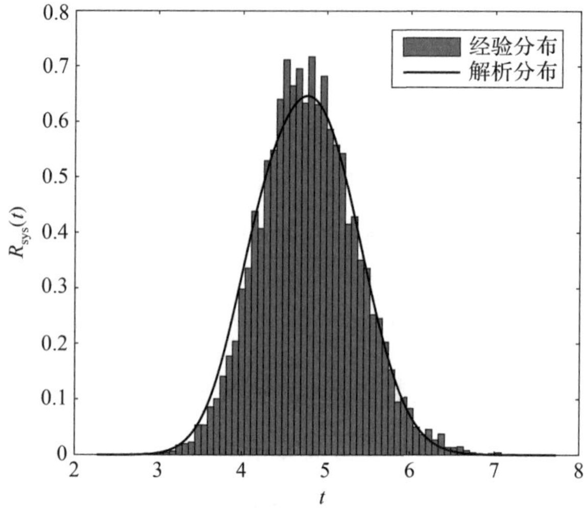

图3-4　系统寿命经验分布与解析分布对比

由图3-4可以看出，首达时间定义下的系统故障时间经验分布与式（3-27）推导得到的解析分布很接近，这验证了上述假设的合理性和系统可靠度函数式（3-27）的有效性。

3.6.4　参数估计和Copula函数确定

在多元相关退化过程模型和可靠度模型实际应用过程中，首先需要解决两个问题：①模型未知参数估计；②选择合适的Copula函数刻画退化相关性结构。其中，需要估计的参数为$\boldsymbol{\Theta}=(\alpha_i,\beta_i,\lambda_i,\sigma_i,\boldsymbol{\theta};i=1,2,\cdots,n)$。为便于分析，将参数向量$\boldsymbol{\Theta}$分为两部分：$\boldsymbol{\Theta}_0=(\alpha_i,\beta_i,\lambda_i,\sigma_i;i=1,2,\cdots,n)$代表系统独立退化过程特征，其中（$\alpha_i$，$\beta_i$）对应Gamma退化过程参数，（$\lambda_i$，$\sigma_i$）对应Wiener退化过程参数；$\boldsymbol{\theta}$为Copula函数参数向量，代表系

统各退化过程间相关性结构特征。

在实际中，一般可通过检测得到某时刻系统各性能指标退化量。假定每次检测均为完全检测，误差忽略不计，且可同时得到系统各性能指标退化量值。检测得到的系统总体退化信息记为 $\boldsymbol{X}$，包含 M 个系统在不同时刻的退化量值。系统 j 总检测次数为 K_j，第 k 次检测得到的第 i 个退化过程的退化量记为 x_{ijk}。由此，系统总体退化信息可表示为

$$\boldsymbol{X} = (x_{ijk}: i = 1,2,\cdots,n; j = 1,2,\cdots,M; k = 1,2,\cdots,K_j) \quad (3-40)$$

此外，系统 j 第 k 次检验时刻记为 t_{jk}，$\Delta x_{ijk} = x_{ijk} - x_{ij(k-1)}$，其中 $t_{j0} = 0$，$x_{ij0} = 0$。

在此基础上，可推导得到系统总体退化信息对数似然函数为

$$\begin{aligned}\ln L(X \mid \boldsymbol{\Theta}) &= \sum_{j=1}^{M}\sum_{k=1}^{K_j} \ln h_{t_{j(k-1)},t_{jk}}(\Delta x_{1jk}, \Delta x_{2jk}, \cdots, \Delta x_{njk} \mid \boldsymbol{\Theta}) \\ &= \sum_{j=1}^{M}\sum_{k=1}^{K_j} \left\{ \begin{aligned} &\ln c(F^{(1)}_{t_{j(k-1)},t_{jk}}(\Delta x_{1jk}), F^{(2)}_{t_{j(k-1)},t_{jk}}(\Delta x_{2jk}), \cdots, F^{(n)}_{t_{j(k-1)},t_{jk}}(\Delta x_{njk}); \boldsymbol{\theta}) \\ &+ \sum_{i=1}^{n} \ln f^{(i)}_{t_{j(k-1)},t_{jk}}(\Delta x_{ijk}) \end{aligned} \right\}\end{aligned} \quad (3-41)$$

通常来说，最大化似然函数即可得到对应的参数向量估计值 $\hat{\boldsymbol{\Theta}}$。但以上似然函数结构较为复杂且需要估计的未知参数较多，采用对各参数求偏导并令其等于0，进一步求解相应方程组的思路难以得到参数 $\boldsymbol{\Theta}$ 的估计值。下面给出几种适用于上述模型的参数估计方法，在此基础上给出Copula函数选择准则。

3.6.4.1　IFM法

基于Copula函数的多元退化过程模型可将各性能指标一元退化过程与退化相关性结构分开进行考虑。由此，可将对应的参数估计分两步进行：首先估计各性能指标退化过程模型参数；其次，估计Copula相关性参数，该方法称为边际推断法（Inference for the Margins，IFM）。采用IFM法能够

大大简化 Copula 参数估计计算过程。各性能指标退化过程模型参数估计值 $\hat{\boldsymbol{\Theta}}_0$ 可由下式得到：

$$\hat{\boldsymbol{\Theta}}_0 = \operatorname{argmax}_{\boldsymbol{\Theta}_0} \ln L(X \mid \boldsymbol{\Theta}_0) = \operatorname{argmax}_{\boldsymbol{\Theta}_0} \sum_{i=1}^{n} \sum_{j=1}^{M} \sum_{k=1}^{K} \ln f(\Delta x_{ijk}) \tag{3-42}$$

由 Gamma 过程和 Wiener 过程的独立增量特性，容易得到不同退化过程的样本对数似然函数可表示为

$$\begin{cases} \ln L(\boldsymbol{X} \mid \alpha_i, \beta_i) = \sum_{j=1}^{M} \sum_{k=1}^{K_j} \left\{ \begin{array}{l} [\alpha_i(t_{jk} - t_{j(k-1)}) - 1] \ln \Delta x_{ijk} \\ - \ln \Gamma[\alpha_i(t_{jk} - t_{j(k-1)})] \\ - \alpha_i(t_{jk} - t_{j(k-1)}) \ln \beta_i - \dfrac{\Delta x_{ijk}}{\beta_i} \end{array} \right\}, & \text{Gamma 过程} \\ \ln L(\boldsymbol{X} \mid \lambda_i, \sigma_i) = - \sum_{j=1}^{M} \sum_{k=1}^{K_j} \left\{ \begin{array}{l} \dfrac{1}{2} \ln[2\pi\sigma_i^2(t_{jk} - t_{j(k-1)})] \\ + \dfrac{[\Delta x_{ijk} - \lambda_i(t_{jk} - t_{j(k-1)})]^2}{2\sigma_i^2(t_{jk} - t_{j(k-1)})} \end{array} \right\}, & \text{Wiener 过程} \end{cases} \tag{3-43}$$

对式（3－43）中各参数求偏导并令其等于 0，通过求解对应方程组即可得到未知参数估计值 $\hat{\boldsymbol{\Theta}}_0$。在此基础上，Copula 相关性参数估计值 $\hat{\boldsymbol{\theta}}$ 可由式（3－44）得到：

$$\hat{\boldsymbol{\theta}} = \operatorname{argmax}_{\boldsymbol{\theta}} \ln L(\boldsymbol{X} \mid \boldsymbol{\theta}) = \operatorname{argmax}_{\boldsymbol{\theta}} \sum_{j=1}^{M} \sum_{k=1}^{K_j} \ln c(u_1, u_2, \cdots, u_n; \boldsymbol{\theta}) \tag{3-44}$$

其中，$u_i = F_{t_{j(k-1)}, t_{jk}}^{(i)}(\Delta x_{ijk}; \hat{\boldsymbol{\Theta}}_0)$。

通过以上两步，可较为简便地得到模型未知参数估计值，记为 $\hat{\boldsymbol{\Theta}}_{\text{IFM}}$。容易看出，上述 IFM 法得到的参数估计值 $\hat{\boldsymbol{\Theta}}_{\text{IFM}}$ 并不能保证样本完全对数似然函数式达到最大值，但其具有渐进正态性，即

$$\sqrt{T}(\hat{\boldsymbol{\Theta}}_{\mathrm{IFM}}-\boldsymbol{\Theta}_R)\rightarrow N(0,\mathcal{G}^{-1}(\boldsymbol{\Theta}_R)) \tag{3-45}$$

其中，$\boldsymbol{\Theta}_R$ 表示模型待估参数真实值，$\mathcal{G}^{-1}(\boldsymbol{\Theta}_R)$ 为 Godambe 信息矩阵。由此可知，$\hat{\boldsymbol{\Theta}}_{\mathrm{IFM}}$ 也可作为模型参数的良好估计值。

3.6.4.2　MCMC 法

马尔可夫链蒙特卡罗（Markov Chain Monte Carlo，MCMC）法，是在贝叶斯理论框架下，产生高维随机变量后验分布样本的方法。该方法可以将具有高维积分形式的完全联合后验概率分布转换为单参数条件概率分布的计算，解决贝叶斯统计推断中的高维积分运算问题。根据不同的马尔可夫链转移核构造方法，常用的 MCMC 法主要包括 Metropolis – Hasting 算法和 Gibbs 抽样方法。其中 Gibbs 抽样方法可以看作 Metropolis – Hasting 算法的特例，其实现较为简单且迭代具有收敛性。基于 MCMC 的参数估计方法基本思想是构造稳态分布为待估参数联合分布的马尔可夫链，通过该马尔可夫链产生待估参数后验样本，根据所得样本进行统计推断。

在贝叶斯理论框架下，模型待估参数 $\boldsymbol{\Theta}$ 可以看作服从一定先验分布的随机向量，结合系统退化样本数据，根据贝叶斯公式得到参数对应的后验分布。基于后验分布可以得到待估参数的后验均值、置信区间等。在上述模型中，参数 $\boldsymbol{\Theta}$ 的分布采用无信息先验分布，其密度函数记为 $\pi(\boldsymbol{\Theta})$。由贝叶斯公式可得参数 $\boldsymbol{\Theta}$ 的后验分布概率密度函数为

$$\pi(\boldsymbol{\Theta}^*\mid\boldsymbol{X})=\frac{L(\boldsymbol{X}\mid\boldsymbol{\Theta})\pi(\boldsymbol{\Theta})}{\int\cdots\iint L(\boldsymbol{X}\mid\boldsymbol{\Theta})\pi(\boldsymbol{\Theta})\mathrm{d}\Theta_1\mathrm{d}\Theta_2\cdots\mathrm{d}\Theta_N} \tag{3-46}$$

其中，Θ_i 表示参数向量 $\boldsymbol{\Theta}$ 的第 i 个元素，分母中积分维数与待估参数个数相同，$L(\boldsymbol{X}\mid\boldsymbol{\Theta})$ 为似然函数。在后验分布基础上，可计算得到参数期望值。但显然该过程涉及高维积分运算，计算困难，解析方法通常难以实现。因此，这里采用 MCMC 法产生服从参数后验分布 $\pi(\boldsymbol{\Theta}^*\mid\boldsymbol{X})$ 的样本。当样本量足够大时，可将样本均值 $\bar{\boldsymbol{\Theta}}$ 作为参数估计值 $\hat{\boldsymbol{\Theta}}$。本节中采用

Gibbs 抽样方法得到参数后验样本，具体抽样步骤如下：

（1）令当前抽样次数 $t=1$，最大抽样次数为 max$t$，产生参数 $\boldsymbol{\Theta}$ 的初始值 $\boldsymbol{\Theta}^{(0)}$。

（2）根据 $\boldsymbol{\Theta}^{(t-1)}$，产生 $\boldsymbol{\Theta}^{(t)}$ 的值：

①从 $\pi(\Theta_1 \mid \Theta_2^{(t-1)}, \Theta_3^{(t-1)}, \cdots, \Theta_N^{(t-1)})$ 抽样得到 $\Theta_1^{(t)}$；

②从 $\pi(\Theta_2 \mid \Theta_1^{(t)}, \Theta_3^{(t-1)}, \cdots, \Theta_N^{(t-1)})$ 抽样得到 $\Theta_2^{(t)}$；

……

③从 $\pi(\Theta_N \mid \Theta_1^{(t)}, \Theta_3^{(t)}, \cdots, \Theta_{N-1}^{(t)})$ 抽样得到 $\Theta_N^{(t)}$。

（3）如果 $t<\max t$，则令 $t=t+1$，重复第（2）步；如果 $t \geqslant \max t$，执行第（4）步。

（4）如果参数 $\boldsymbol{\Theta}$ 对应的马尔可夫链在抽样 S，$S<\max t$ 次后达到稳态，则 $t \geqslant S$ 时抽样得到的 $\boldsymbol{\Theta}^{(t)}$ 就可以作为待估参数后验分布 $\pi(\boldsymbol{\Theta}^* \mid \boldsymbol{X})$ 的样本。

（5）参数 Θ_i，$i=1$，2，…，N 的估计值可由式（3－47）得到：

$$\hat{\Theta}_i = \frac{1}{(\max t - S + 1)} \sum_{t=S}^{\max t} \Theta_i^{(t)} \tag{3-47}$$

MCMC 法通常可以通过 Matlab 软件、R 语言和 WinBUGS 软件实现。本节中采用 WinBUGS（Bayesian inference Using Gibbs Sampling）软件实现上述 Gibbs 抽样过程，进而产生参数后验样本。WinBUGS 是利用 MCMC 法进行贝叶斯统计推断的常用专业软件，可通过 Gibbs 抽样方法从完全条件概率分布中抽样，生成马尔可夫链，进而得到相应样本。

当系统参数较多时，相应多元 Copula 密度函数形式会非常复杂。此时采用 WinBUGS 软件进行 MCMC 抽样可能难以实现或效率较低，可考虑使用 Matlab 软件实现 MCMC 抽样，或采用 IFM 参数估计法。

3.6.4.3 常用智能算法的适用性分析

以上参数估计问题可以转化为最优化问题进行解决。其中，目标函数

为 $\ln L(\boldsymbol{X}|\boldsymbol{\Theta})$，决策变量为 $\boldsymbol{\Theta}$，决策目标最大化函数 $\ln L(\boldsymbol{X}|\boldsymbol{\Theta})$ 的值。可以看出，该优化问题中决策变化较多，且决策变量对目标函数的影响具有非线性、不可微的特点，智能优化算法适用于此类问题的求解。虽然智能优化算法得到的结果通常不是绝对的全局最优解，但其能以较高的效率搜索优化问题的近似最优解，在工程实际中也具有重要意义。下面主要对求解中使用频率较高的遗传算法、粒子群算法和模拟退火算法作简要介绍。

1）遗传算法

遗传算法（Genetic Algorithm，GA）是一种用于全局优化的随机搜索算法，该算法主要源于生物进化和适者生存理论，同时也受孟德尔的遗传学说的影响。该算法的特点是高度并行、随机和自适应。其寻优原理是先随机产生初始解，组成第一代种群，群体中每个个体都是问题的一个解。第一代种群会经历选择、交叉、变异操作，形成第二代种群，第二代种群继承了第一代种群的优势，经过反复迭代，种群朝着最优解进化。遗传算法的基本步骤如下。

步骤 1：初始化，设置最大迭代次数，生成第一代种群。

步骤 2：运用适应度函数评价每个个体。

步骤 3：依次进行选择、交叉、变异运算。

步骤 4：达到最大迭代次数，输出适应度最大的个体作为最优解。

2）粒子群算法

粒子群算法（Particle Swarm Optimization，PSO）主要源于对鸟群、鱼群等群体行为的模仿，与遗传算法相比，粒子群算法更为简便且容易实现，其寻优原理是首先初始化一群具有速度和运动方向的随机粒子，粒子会根据自身的飞行经验和群体的信息共享更新自己的位置，群体不断向最优解进化。粒子群算法的基本步骤如下。

步骤 1：初始化粒子，设置停止迭代的条件。

步骤 2：依据适应度函数，计算每个粒子的适应度。

步骤 3：更新个体最优解和全局最优解。

步骤 4：更新单个粒子的速度和位置。

步骤 5：达到最大迭代次数后，输出适应度最大的粒子作为最优解。

3）模拟退火算法

模拟退火（Simulated Annealing，SA）算法是基于蒙特卡罗仿真发展而来的一种随机搜索算法，该算法主要源于物理退火过程与组合问题求解时的相似性。从很高的温度出发并不断下降，结合概率突跳特性，模拟退火算法能够在解空间中随机寻找问题的解，概率突跳特性使模拟退火算法能够有效跳出局部最优，获得一个趋于全局最优的解。模拟退火算法的基本步骤如下。

步骤 1：产生初始温度并设置停止迭代的条件，随机生成初始解。

步骤 2：温度下降，根据冷却进度表生成新解，并计算该解下的目标函数值。

步骤 3：依据 Metropolis 准则，判断是否接受新解。

步骤 4：达到最大迭代次数后，输出使目标函数值最优的解。

由于模型通常与实际问题紧密相连，因此通常具有其特殊性，在运用优化算法时应注意与实际问题背景相结合，有时需要对算法进行改进，以获得更好的运算效果。

4）算法对比

采用 Ackley's 函数对算法的性能进行测试，该函数的形式为

$$f(x) = -20\mathrm{e}^{-0.2\sqrt{\frac{\sum_{i=1}^{n} x_{i1}^2}{n}}} - \mathrm{e}^{\frac{\sum_{i=1}^{n}\cos(2\pi x_i)}{n}} + 20 + \mathrm{e} \tag{3-48}$$

其中，变量 x_i 的取值范围为 $-5 \sim 5$，显然当 $x_i = 0$ 是方程的一个全局最优点，此时函数值为 0。由于多维图像无法画出，但可以借用二维图像说明这个函数的变化趋势，如图 3－5 所示。

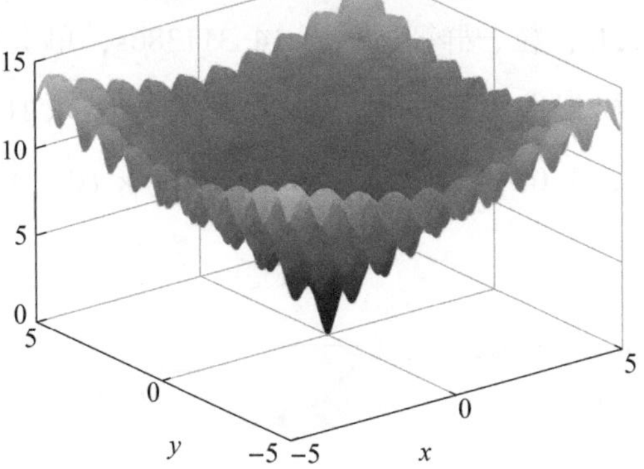

图 3-5　Ackley's 函数

可以看到，函数有多个局部极点，这导致一般的寻优方式（譬如梯度）很容易陷到某一个极点，无法找到全局最优，采用本节的三种启发式寻优方法，可以扩大搜索范围，避免陷入局部极点，从而更容易找到全局最优点。从函数表达式也可以看出，函数寻优的复杂度与 x 的维度是相关的，实际上 Ackley's 函数可以对应 n 个变量，因此在比对算法效率时 n 也是变化的。本节将分别比对 x 的维度是 3、30 以及 300 的情况。

网格搜索法（枚举法）实际上就是在变量取值范围内分段、迭代、采用循环。如果在 $-5 \sim 5$ 之间分段 10 份，实际上精度只能到 0.5，但循环次数已经达到 10 的 n 次方，如果 n 是 3 的情况，在循环 1000 次后，通过比对最小，可以取得精度为 0.5 的解，但如果 n 再大，那么循环是不可能完成的，因此枚举法无法完成此类问题求解。但枚举法的优点是逻辑较为简单，算法设计较为直接简便，在参数估计时，如果对结果精度要求不高且变量数量较少时，可采用枚举法。

接下来对粒子群算法、模拟退火算法和遗传算法进行对比分析。以下对比选择相同的迭代次数 8000，相同的种群数量 100（模拟退火法不涉及这个参数），主要比较运行时间以及函数值、种群距离的收敛情况，最后也会对比准确解从而得到算法的精度。

（1）有3个变量时，在运行时间方面，模拟退火算法运行19.519396s，单次迭代用时0.0024s；粒子群算法运行14.311386s，单次迭代用时0.0018s。在结果精度方面，模拟退火算法得到最小值 7.1867×10^{-5}，最佳位置为 $(-4.5244\times10^{-6},\ 3.0594\times10^{-6},\ -3.0629\times10^{-5})$，其收敛曲线如图3－6所示。

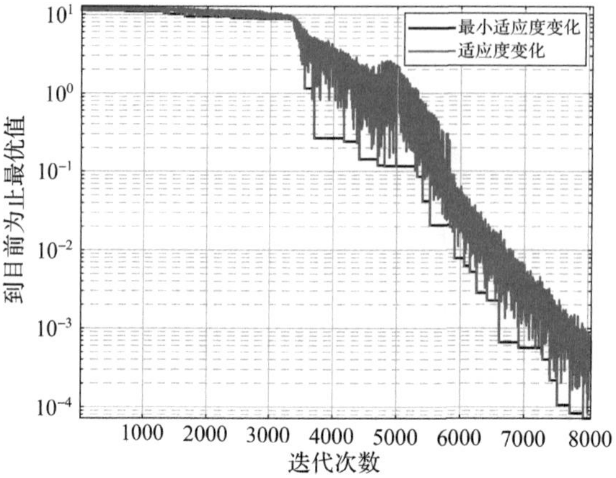

图3－6　模拟退火算法收敛曲线

粒子群算法得到最小值 2.29×10^{-13}，最佳位置为 1.0×10^{-13}（0.1981，－0.0907，0.9527），其收敛曲线如图3－7所示。

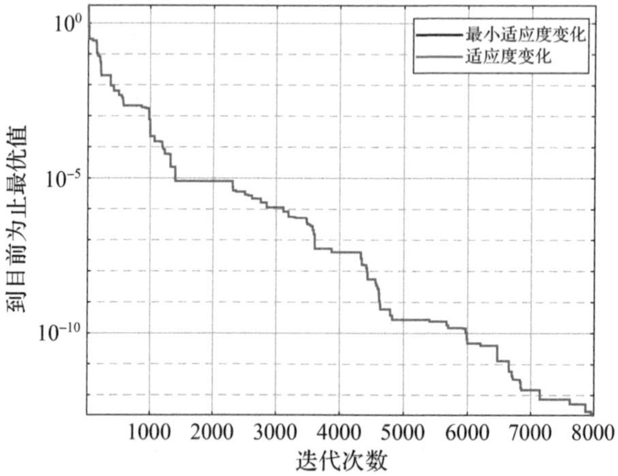

图3－7　PSO收敛曲线

遗传算法实际在第 115 次迭代时就找到最优值，总用时 0.1495s，单次迭代用时 0.0013s，得到最小值 7.039×10^{-5}，最佳位置为 1.0×10^{-4}（0.3043，0.0033，−0.0155），其收敛曲线如图 3－8 所示。

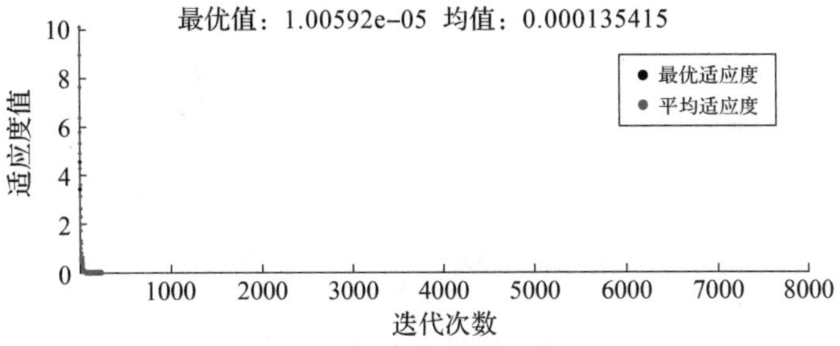

图 3－8　GA 收敛曲线

从以上结果可以看出，如果维数较小，那么三种算法效果相差不多，无论从时间还是从精确度三种算法基本一致，都可以达到很高的精度。

（2）有 30 个变量时，粒子群算法用时 17.016238s，单次迭代 0.0021s，得到最优值为 0.0482，图 3－9 展示了粒子群算法的收敛曲线。

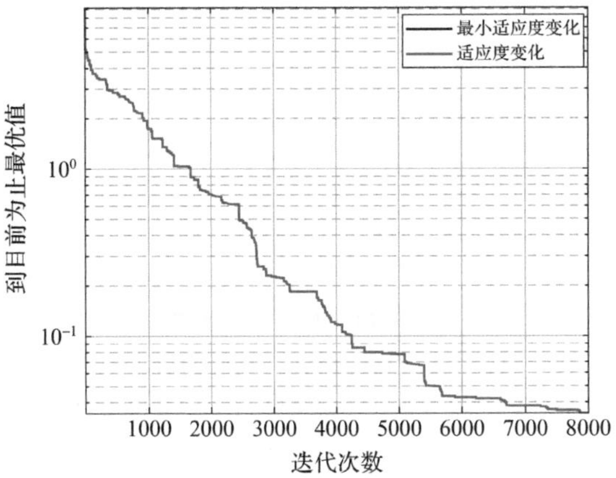

图 3－9　PSO 收敛曲线

模拟退火算法设置为每个温度迭代 500 次，初始温度 $T_0=10000$℃，迭代 8000 次历时 22.738070s，单次 0.0028s，最优结果为 0.0084843，其迭代曲线如图 3－10 所示。

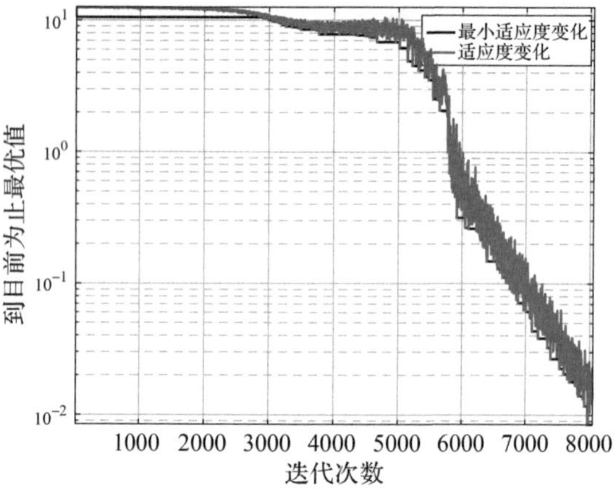

图 3-10 模拟退火算法迭代曲线

遗传算法种群数量设置为 100，复制策略为精英选择法，比例为 10 个，交叉概率为 0.8，历时 3.481186s，单次 0.0045s，最优结果为 0.000128785。事实上，仅用了 754 次迭代，遗传算法就得到了更好的精确结果。其收敛曲线如图 3-11 所示。

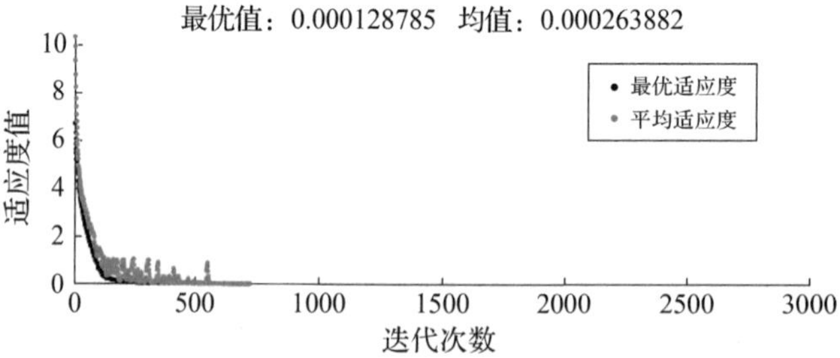

图 3-11 GA 收敛曲线

通过对比可以发现，在 30 维的时候，遗传效果性能比较明显，无论是结果精度以及迭代次数都明显优于其他两种算法，即在较少次迭代次数下就可以达到比其他两种方法更多迭代次数才能达到的精度。

（3）有 300 个变量时，粒子群算法用时 39.366017s，单次迭代 0.0049s，得到最优值为 4.8912，距离最优结果较远，图 3-12 展示了粒子群算法的收敛曲线。

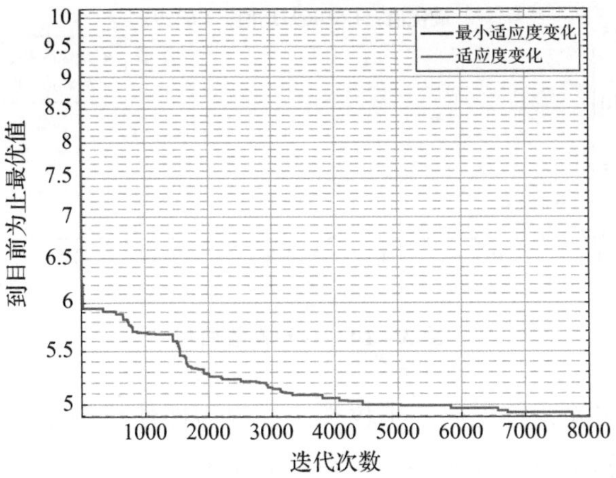

图 3－12　PSO 收敛曲线

模拟退火算法历时 84.984656s，单次 0.011s，最优结果为 8.8661，距离最优结果较远，其收敛曲线如图 3－13 所示。

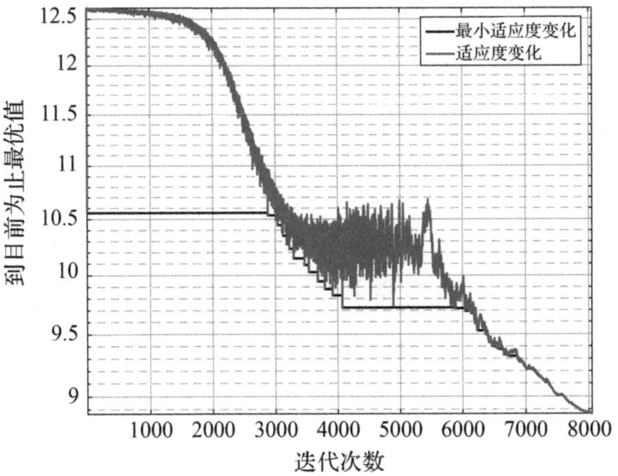

图 3－13　模拟退火算法迭代曲线

遗传算法历时 542.6337s，单次 0.0912s，最优结果为 1.6106，用了 5947 次迭代，遗传算法得到结果。图 3－14 展示了遗传算法的收敛曲线。

通过对比可以发现，在 300 维的时候，遗传效果在结果精度上优于其他算法，但耗时更久。

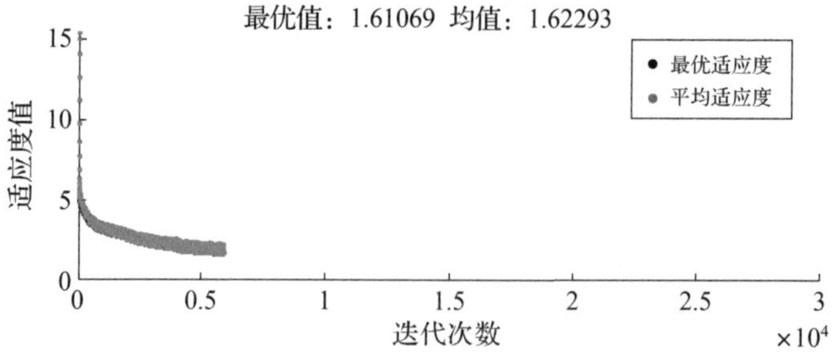

图 3－14　GA 收敛曲线

通过上述实验，首先放弃了枚举法，因为即使维数很小，通过枚举法获取准确解的难度已经非常大，需要耗时很久，而且很难找到精度较高的求解，另外三种方法可以应用于此类优化问题。实验发现当维数很小的时候，采用三种方法的结果精度以及运行时间都是接近的，而当维数达到中等规模，采用粒子群算法或者模拟退火算法，结果精度就很难保证，而遗传算法通过较少次迭代就可以达到预期的精度要求，而当维数较大时，三种方法都不能达到最优结果，相比而言，遗传算法结果更接近最优值，但单次迭代时间遗传算法是高于另外两种算法的。综上所述，应根据不同的问题情境选择合适的算法，枚举法适合变量较少且对结果精度要求不高时，模拟退火算法与粒子群算法性能相似，能够解决多数优化问题，但当变量规模较大且对结果精确度要求高时，遗传算法更适用。

3.6.4.4　Copula 函数选择准则

系统多元相关退化过程和可靠度模型是建立在特定 Copula 函数基础上的。不同类型的 Copula 函数刻画的相关性结构特征也有所区别，选择能够正确反映系统各性能指标退化相关性的 Copula 函数是评估其可靠性和进行后续维修决策的基础。Copula 函数选择较为简便的方法是基于赤池信息准则（Akaike Information Criterion，AIC）和贝叶斯信息准则（Bayesian Information Criterion，BIC）进行判断。

AIC 是基于熵的概念提出的一种衡量统计模型拟合优度标准。可以用

来权衡判断不同类型 Copula 模型复杂度和数据拟合优度，AIC 可表示为

$$\mathrm{AIC} = -2\{\max \ln L(\boldsymbol{X} | \boldsymbol{\Theta})\} + 2N \tag{3-49}$$

其中，N 表示模型中未知参数个数。

BIC 与 AIC 类似，也可用于模型选择，不同的是在 BIC 中考虑了样本量影响，增大了与模型参数个数相关的惩罚项比重，对过拟合模型反映更为灵敏。BIC 可表示为

$$\mathrm{BIC} = -2\{\max \ln L(\boldsymbol{X} | \boldsymbol{\Theta})\} + N \ln SN \tag{3-50}$$

其中，SN 表示样本数量。

根据 AIC/BIC 判断准则，具有最小 AIC/BIC 值的 Copula 函数对退化数据的拟合效果最好，即更适用于描述特定系统各性能指标退化过程间的相关性。

第 4 章　装备保修决策中计划维修策略的运用

在复杂多变的装备使用环境中，在保修期内采用计划维修方式已成为装备管理的重要环节。通过计划维修，可以避免紧急和大规模的维修工作，允许军方和承制单位更好地规划维修资源，包括人力、备件和工具，因此，研究保修期内的计划维修工作对于提高装备的可靠性和降低维修成本具有重要意义。本章将探讨考虑计划维修的装备保修决策方法，从初始保修和延伸保修的不同角度，分别建立将计划维修与事后维修集成、基于成本和可用度的初始保修和延伸保修决策模型，并进行示例分析。

4.1　初始保修期内的计划维修决策

基于时间的维修是一种最简单的计划维修策略，即按照固定的时间间隔进行维修。例如，每半年或一年进行一次全面的检查和保养，以确保产品在保修期间保持良好的工作状态，减少故障发生的风险。为了有效地实施计划维修，需建立定量模型确定维修间隔，以提高维修效果，控制维修成本，提高军方满意度。考虑二维保修策略，计划维修为不完全预防性维修，以初始保修期内多部件系统可用度最高为目标，考虑到保修成本的约束，建立多部件系统各部件二维初始保修模型。考虑各部件间的经济相关性，运用组合维修策略将各单部件预防性维修工作组合起来，最终得到多部件系统二维初始保修决策模型。

4.1.1　模型分析与假设

以串联多部件系统为研究对象，部件按照间隔（T_{0j}，U_{0j}）进行不完全预防性维修，在两次预防性维修中间出现的故障采用最小维修方式进行修理。其中，T_{0j}表示部件 j 在日历时间维度的预防性维修间隔期，U_{0j}表示部件 j 在使用程度维度的预防性维修间隔期。部件日历时间和使用程度有一个达到 T_{0j}或 U_{0j}则开展预防性维修。以二维保修期（T_W，U_W）内单部件二维初始保修模型为基础，借助预防性维修基准间隔期，将各单部件预防性维修工作组合优化，从而提高多部件系统的可用度并降低保修成本。

模型建立的相关假设如下：

（1）多部件系统由若干部件串联而成。

（2）保修期内的所有部件故障都是独立的。

（3）每一个部件都是可修复的，它的故障率随着日历时间和使用程度的增加而增长。

（4）忽略故障的响应时间，即产品发生故障后立即修复。

（5）日历时间或使用程度任一维度到达时即进行不完全预防性维修。

建模用到的相关符号及含义如下：

T_W：日历时间维度的初始保修期；

U_W：使用程度维度的初始保修期；

（T_{0j}，U_{0j}）：部件 j 的二维预防性维修间隔期；

T_{pt}：预防性维修总停机时间；

T_{ft}：故障后最小维修总停机时间；

T_{Dj}：预防性维修准备时间；

（T_{0j}^*，U_{0j}^*）：单部件最优预防性维修间隔期；

C_{ft}：预防性维修成本；

C_{pt}：修复性维修成本；

C_{Dj}：预防性维修准备成本。

4.1.2 模型建立

4.1.2.1 二维初始保修可用度模型

首先，建立单部件二维初始保修可用度模型。在二维初始保修期内，部件的可用度可以表示为

$$E[A_W(T_W,U_W)]=\frac{\text{保修期}-\text{期望停机时间}}{\text{保修期}} \tag{4-1}$$

在一定时间［0，t］内，最小维修可以分解为有限个独立的非齐次泊松过程（NHPP），预计最小维修停机时间如下：

$$E[N(t)]=\int_0^t \lambda(\gamma)\,\mathrm{d}\gamma=-\ln(1-F(t)) \tag{4-2}$$

式中：$N(t)$为［0，t］内的部件故障数；$\lambda(\gamma)$为故障率函数；$F(t)$为累积故障分布函数。

由于预防性维修间隔期不是一个确定的值，因此由预防性维修间隔期导出的使用率是不确定的，建模期间需要讨论两种情况，即$r_{0j}\leqslant r_W$和$r_{0j}>r_W$，其中，

$$r_{0j}=\frac{U_{0j}}{T_{0j}},r_W=\frac{U_W}{T_W} \tag{4-3}$$

因为实际使用率不是固定值，所以实际二维保修期会有所不同。具体来说，如图4-1所示，当实际使用率较低时，保修期为［0，T_W）；当实际使用率较高时，保修期为［0，U_W）。

根据不同的二维保修期，不完全预防性维修次数有四种情况，如表4-1所示。

当$r_{0j}\leqslant r_W$时，如图4-2所示，需要进一步区分$r\leqslant r_{0j}$，$r_{0j}<r\leqslant r_W$和$r>r_W$三种情况讨论。

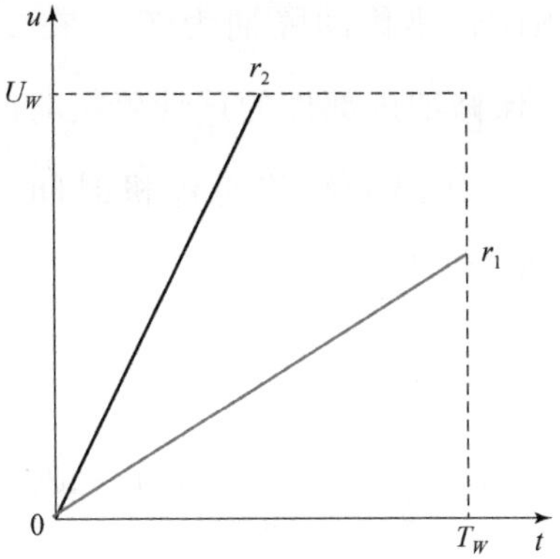

图 4－1　不同使用率下的保修期

表 4－1　不同保修期下的不完全预防性维修次数

不完全预防性维修次数	保修期	值
n_1	$[0, T_W)$	$\text{int}[T_W/(T_{0j}+T_p)]$
n_2	$[0, T_W)$	$\text{int}[T_W r/(U_{0j}+T_{pj}r)]$
n_3	$[0, U_W)$	$\text{int}[U_W/(U_{0j}+T_{pj}r)]$
n_4	$[0, U_W)$	$\text{int}[U_W/((T_{0j}+T_{pj})r)]$

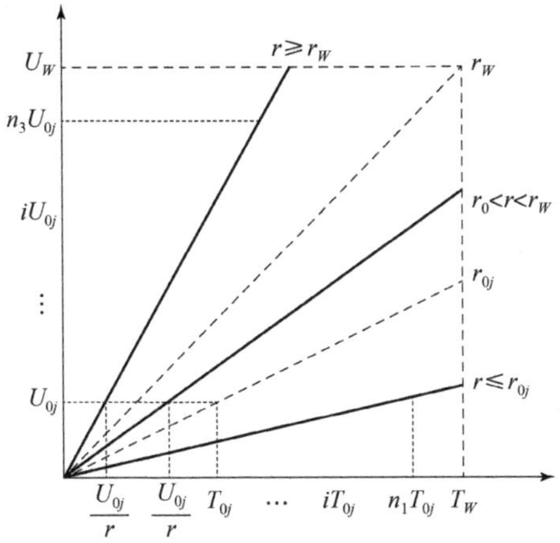

图 4－2　$r_{0j} \leq r_W$ 时二维不完全预防性维修周期

$r \leqslant r_{0j}$时，部件的预防性维修间隔期为 T_{0j}。在二维保修期内，部件的预防性维修次数为 n_1。保修期内部件的预计停机时间包括两部分：预防性维修总停机时间（T_{pt}）和故障后维修总停机时间（T_{ft}）。在二维保修期内，部件的预计停机时间 T_1 为

$$\begin{aligned} T_1 &= T_{pt} + T_{ft} \\ &= (T_{pj} + T_{Dj})n_1 + T_{fj}\sum_{i=0}^{n_1-1}\int_{i(T_{0j}+T_{pj})}^{i(T_{0j}+T_{pj})+T_{0j}} \lambda(t - i\theta(T_{0j} + T_{pj}), r)\mathrm{d}t \\ &\quad + T_{fj}\int_{n_1(T_{0j}+T_{pj})}^{T_W} \lambda(t - n_1\theta(T_{0j} + T_{pj}), r)\mathrm{d}t \end{aligned} \tag{4-4}$$

当 $r_{0j} < r \leqslant r_W$ 时，部件的预防性维修间隔期为 U_{0j}/r。二维保修期内部件的预防性维修数量为 n_2。在二维保修期内，部件的预计停机时间 T_2 为

$$\begin{aligned} T_2 &= T_{pt} + T_{ft} \\ &= (T_{pj} + T_{Dj})n_2 + T_{fj}\sum_{i=0}^{n_2-1}\int_{i\left(\frac{U_{0j}}{r}+T_{pj}\right)}^{i\left(\frac{U_{0j}}{r}+T_{pj}\right)+\frac{U_{0j}}{r}} \lambda\left(t - i\theta\left(\frac{U_{0j}}{r} + T_{pj}\right), r\right)\mathrm{d}t \\ &\quad + T_{fj}\int_{n_2\left(\frac{U_{0j}}{r}+T_{pj}\right)}^{T_W} \lambda\left(t - n_2\theta\left(\frac{U_{0j}}{r} + T_{pj}\right), r\right)\mathrm{d}t \end{aligned} \tag{4-5}$$

当 $r > r_W$ 时，部件的预防性维修间隔期为 U_{0j}/r。二维保修期内部件的预防性维修数量为 n_3。在二维保修期内，部件的预计停机时间 T_3 为

$$\begin{aligned} T_3 &= T_{pt} + T_{ft} \\ &= (T_{pj} + T_{Dj})n_3 + T_{fj}\sum_{i=0}^{n_3-1}\int_{i\left(\frac{U_{0j}}{r}+T_{pj}\right)}^{i\left(\frac{U_{0j}}{r}+T_{pj}\right)+\frac{U_{0j}}{r}} \lambda\left(t - i\theta\left(\frac{U_{0j}}{r} + T_{pj}\right), r\right)\mathrm{d}t \\ &\quad + T_{fj}\int_{n_3\left(\frac{U_{0j}}{r}+T_{pj}\right)}^{\frac{U_W}{r}} \lambda\left(t - n_3\theta\left(\frac{U_{0j}}{r} + T_{pj}\right), r\right)\mathrm{d}t \end{aligned} \tag{4-6}$$

然后，在二维保修期（T_W，U_W）内，当 $r_{0j} \leqslant r_W$ 时，部件的预期可用度为

$$E_1[A_j(T_W, U_W)] = \int_{r_\sigma}^{r_{0j}} (T_W - T_1)/T_W \mathrm{d}G(r) + \int_{r_{0j}}^{r_W} (T_W - T_2)/T_W \mathrm{d}G(r)$$

$$+\int_{r_W}^{r_\tau}(U_W/r - T_3)/(U_W/r)\,\mathrm{d}G(r) \tag{4-7}$$

当 $r_{0j} > r_W$ 时，如图 4-3 所示，在这种情况下，需要进一步区分 $r \leqslant r_W$，$r_W < r \leqslant r_{0j}$ 和 $r > r_{0j}$ 三种情况讨论。

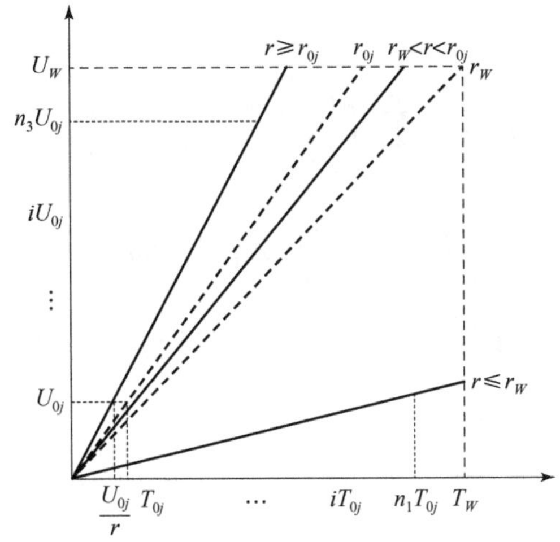

图 4-3　$r_{0j} \leqslant r_W$ 时二维不完全预防性维修周期

当 $r \leqslant r_W$ 时，部件的预防性维修间隔期为 T_{0j}。二维保修期内部件的预防性维修数量为 n_1。在二维保修期内，部件的预计停机时间 T_4 为

$$\begin{aligned}T_4 &= T_{pt} + T_{ft}\\ &= (T_{pj} + T_{Dj})n_1 + T_{fj}\sum_{i=0}^{n_1-1}\int_{i(T_{0j}+T_{pj})}^{i(T_{0j}+T_{pj})+T_{0j}}\lambda(t - i\theta(T_{0j} + T_{pj}),r)\,\mathrm{d}t\\ &\quad + T_{fj}\int_{n_1(T_{0j}+T_{pj})}^{T_W}\lambda(t - n_1\theta(T_{0j} + T_{pj}),r)\,\mathrm{d}t\end{aligned} \tag{4-8}$$

当 $r_W < r \leqslant r_{0j}$ 时，部件的预防性维修间隔期为 T_{0j}。二维保修期内部件的预防性维修数量为 n_4。在二维保修期内，部件的预计停机时间 T_5 为

$$\begin{aligned}T_5 &= T_{pt} + T_{ft}\\ &= (T_{pj} + T_{Dj})n_4 + T_{fj}\sum_{i=0}^{n_4-1}\int_{i(T_{0j}+T_{pj})}^{i(T_{0j}+T_{pj})+T_{0j}}\lambda(t - i\theta(T_{0j} + T_{pj}),r)\,\mathrm{d}t\end{aligned}$$

$$+ T_{fj}\int_{n_4 * T_{0j}}^{\frac{U_W}{r}} \lambda(t - n_4\theta(T_{0j} + T_{pj}), r)\,\mathrm{d}t \tag{4-9}$$

当 $r > r_{0j}$时，部件的预防性维修间隔期为 U_{0j}/r。二维保修期内部件的预防性维修数量为 n_3。在二维保修期内，部件的预计停机时间 T_6 为

$$T_6 = T_{pt} + T_{ft}$$

$$= (T_{pj} + T_{Dj})n_3 + T_{fj}\sum_{i=0}^{n_3-1}\int_{i\left(\frac{U_{0j}}{r}+T_{pj}\right)}^{i\left(\frac{U_{0j}}{r}+T_{pj}\right)+\frac{U_{0j}}{r}} \lambda\left(t - i\theta\left(\frac{U_{0j}}{r} + T_{pj}\right), r\right)\mathrm{d}t$$

$$+ T_{fj}\int_{n_3\left(\frac{U_{0j}}{r}+T_{pj}\right)}^{\frac{U_W}{r}} \lambda\left(t - n_3\theta\left(\frac{U_{0j}}{r} + T_{pj}\right), r\right)\mathrm{d}t \tag{4-10}$$

然后，在二维保修期（T_W，U_W）内，当 $r_{0j} > r_W$ 时，部件的预期可用度为

$$E_2[A_j(T_W,U_W)] = \int_{r_\sigma}^{r_W}(T_W - T_4)/T_W\mathrm{d}G(r) + \int_{r_W}^{r_{0j}}(U_W/r - T_5)/(U_W/r)\mathrm{d}G(r)$$

$$+ \int_{r_{0j}}^{r_\tau}(U_W/r - T_6)/(U_W/r)\mathrm{d}G(r) \tag{4-11}$$

因此，在二维保修期内，当产品使用率 r 遵循一定分布时，部件的总预期可用度可以表示为

$$E_\Sigma[A_j(T_W,U_W)] = \begin{cases} \int_{r_\sigma}^{r_{0j}}(T_W - T_1)/T_W\mathrm{d}G(r) + \int_{r_{0j}}^{r_W}(T_w - T_2)/T_W\mathrm{d}G(r) \\ + \int_{r_W}^{r_\tau}(U_W/r - T_3)/(U_W/r)\mathrm{d}G(r), r_{0j} \leqslant r_W \\ \int_{r_\sigma}^{r_W}(T_W - T_4)/T_W\mathrm{d}G(r) + \int_{r_W}^{r_{0j}}(U_W/r - T_5)/(U_W/r)\mathrm{d}G(r) \\ + \int_{r_{0j}}^{r_\tau}(U_W/r - T_6)/(U_W/r)\mathrm{d}G(r), r_{0j} > r_W \end{cases}$$

$$\tag{4-12}$$

分别求解单个部件在保修期内的最优预防性维修间隔期（$T_{0j}{}^*$，$U_{0j}{}^*$），以最大化部件的总预期可用度。基于此，可以获得每个部件的最优预防性

维修时间和使用程度序列：

$$\begin{cases} T_j^{\ *} = [T_{j1}^*, \cdots, T_{jc}^*, \cdots, T_{jN}^*], T_{jc}^* = cT_{0j}^* \\ U_j^{\ *} = [U_{j1}^*, \cdots, U_{jc}^*, \cdots, U_{jN}^*], U_{jc}^* = cU_{0j}^* \end{cases} \tag{4-13}$$

对于串联多部件系统，当单个部件发生故障时，整个系统将发生故障。因此，在将各单部件预防性维修工作组合之前，关键系统的可用度如下所示：

$$A(T_W, U_W) = 1 - \sum_{j=1}^{S} \{1 - E_{\sum}[A_j^{\ *}(T_W, U_W)]\} \tag{4-14}$$

其中，S 是部件数量，$E_{\sum}[A_j^{\ *}(T_W, U_W)]$ 是基于最优预防性维修间隔的单部件总预期可用度。每次预防性维修都需要一定的预防性维修准备时间。如果将每个部件的预防性维修工作组合起来，可以减少系统在二维保修期内的总停机时间。另外，由于组合后部件的预防性维修任务同时展开，因此系统停机时间为当次预防性维修部件中停机时间最长者，理论上来说，组合维修可显著提高系统的可用度。采用组合维修方式，优化后关键系统的可用度为

$$A_{\text{new}}(T_W, U_W) = 1 - \sum_{j=1}^{S} \{1 - E_{\sum}[A_{j\text{new}}^*(T_W, U_W)]\} \tag{4-15}$$

4.1.2.2　二维初始保修成本模型

二维保修成本模型的建立过程与可用度模型的建立过程类似。二维保修成本包括两部分，即预防性维修成本（C_{ft}）和修复性维修成本（C_{pt}）。根据式（4-4）~式（4-6）和式（4-8）~式（4-10），将 T_{fj}、T_{pj}和 T_{Dj}分别替换为 C_{fj}、C_{pj}和 C_{Dj}。通过这种方式，可以获得不同使用率下的预期保修成本，即 $C_1 \sim C_6$。二维保修期内的预期成本为

$$EC_j = \begin{cases} \int_{r_\sigma}^{r_{0j}} C_1 \mathrm{d}G(r) + \int_{r_{0j}}^{r_W} C_2 \mathrm{d}G(r) + \int_{r_W}^{r_\tau} C_3 \mathrm{d}G(r), & r_{0j} \leqslant r_W \\ \int_{r_\sigma}^{r_W} C_4 \mathrm{d}G(r) + \int_{r_W}^{r_{0j}} C_5 \mathrm{d}G(r) + \int_{r_{0j}}^{r_\tau} C_6 \mathrm{d}G(r), & r_{0j} > r_W \end{cases} \tag{4-16}$$

多部件系统的总预期保修成本为

$$EC(T_W,U_W)=\sum_{j=1}^{S}EC_j \tag{4-17}$$

采用组合维修方式优化后多部件系统的保修成本为

$$EC_{\text{new}}(T_W,U_W)=\sum_{j=1}^{S}EC_{j\text{new}}^{*} \tag{4-18}$$

决策目标为在二维保修期内多部件系统可用度最高，约束条件为总保修成本应低于规定预算，因此具有约束条件的单部件二维初始保修模型为

$$\begin{cases}\max E_{\Sigma}[A_j(T_W,U_W)]\\ \text{s. t.}\\ EC\leqslant C_0\end{cases} \tag{4-19}$$

其中，C_0 为保修成本预算值。

4.1.3 求解优化

模拟退火算法是一种具有全局搜索功能的智能算法，与数值算法相比，它能获得更精确的数值。模拟退火算法用于求解所提出优化问题的主要步骤如下：

（1）给定一个初始温度 ψ_0，在该温度下随机生成一组初始解(T_0,U_0)，并计算该组解下的可用度值 $f_1(T_0,U_0)$ 和保修成本值 $f_2(T_0,U_0)$，如果 $f_2(T_0,U_0)>C_0$，则令 $f_1(T_0,U_0)=0$。之后的每组解的处理方式均相同。

（2）运用冷却进度表更新当前温度，温度变为 ψ_1（第一次迭代时 $\psi=\psi_0$）。

（3）运用随机数法产生新解，并计算该组解下的可用度值 $f_1(T_2,U_2)$。

（4）如果 $f_1(T_2,U_2)>f_1(T_1,U_1)$，则接受新解$(T_2,U_2)$；否则，计算新解与旧解的差值 Δf，采用 Metropolis 判别法来判定该问题的新解是否被接受。

（5）在 ψ_1 的温度下，将步骤（3）和步骤（4）反复进行 L_i 次。

（6）判断是需退出迭代，否则回到步骤（2）。

4.1.4　示例应用

通过示例应用体现决策模型的可行性与有效性，以某装备动力装置为例进行分析。该装置可看作包含三部件的串联多部件系统，保修期内的预防性维修任务由承制单位具体负责。各部件具有不同的故障规律，因此预防性维修时刻不同，在进行保修决策时需考虑各部件之间的经济相关性。由于动力装置各部件呈现日历时间和行驶里程两个维度退化的趋势，因此适用二维保修策略，同时需要开展定时和定程预防性维修工作。部队对于动力装置的建制维修保障力量和维修基础较为完善，在初始保修期内能够形成自主维修保障能力，因此采取初始保修策略。结合决策中的模型与求解算法，需要在考虑动力装置各部件经济相关性的基础上制定各单部件二维初始保修方案，而后采用组合维修策略对各单部件预防性维修工作进行组合优化，实现提高关键系统可用度，降低保修成本的目标，从而获得良好的经济效益与军事效益。

通过向军方装备承制单位调研、参考相关研究，获得动力装置保修决策模型建立基本条件与相关数据如下：

在设计使用率 r_d 下，单部件的累积故障分布函数为

$$F_{jd}(t,\varphi)=1-\exp(-(t/\varphi)^{\zeta}) \tag{4-20}$$

在使用率为 r 时，单部件的累积故障分布函数为

$$F_j(t,\varphi(r))=1-\exp(-(r/r_d)^{k\zeta}(t/\varphi)^{\zeta}) \tag{4-21}$$

单部件的故障率函数为

$$\lambda_j(t,r)=\frac{f(t;\alpha(r))}{1-F(t;\alpha(r))}=\frac{\zeta}{\varphi^{\zeta}}\left(\frac{r}{r_d}\right)^{\omega\zeta}t^{\zeta-1} \tag{4-22}$$

该动力装置的初始保修期为（3 年，3×10^4km），使用率服从双参数威

布尔分布，最低使用率为0.1×10⁴km/年，最高使用率为10×10⁴km/年，使用率的概率密度函数为

$$g(r)=\frac{\delta}{\eta}\left(\frac{r}{\eta}\right)^{\delta-1}\mathrm{e}^{-\left(\frac{r}{\eta}\right)^{\delta}},0.1<r<10 \tag{4-23}$$

其中，η 为尺度参数，δ 为形状参数。其余参数如表4-2所示。

表4-2 参数设置

部件	φ	ζ	r_d	ω	θ	T_{fj}/天	T_{pj}/天	T_{Di}/天	δ	η	C_{fj}/元	C_{pj}/元	C_{Di}/元	C_0/元
1	1.8	2.2	1.0	1.7	0.9	1	3	1	2	5	600	1500	500	
2	1.4	1.6	1.0	1.4	0.9	1	2	1	2	5	800	2000	500	50000
3	1.1	1.2	1.0	1.6	0.9	2	3	1	2	5	650	1800	500	

4.1.4.1 模型求解

采用数值方法计算单个部件在二维初始保修期内的可用度，流程如图4-4所示。

如图4-4所示，T_{0j}以0.1年的步长在［0.1年，3年］内取值，U_{0j}以0.1×10⁴km的步长在［0.1×10⁴km，3×10⁴km］内取值。其次，计算各组（T_{0j}，U_{0j}）在保修期内的相应可用度，并存储计算结果用于做图。最后，生成了900组（T_{0j}，U_{0j}）及其对应的可用度。

在图4-5中，(a)、(b) 和 (c) 分别对应部件1、部件2和部件3的可用度变化趋势。对应不同的（T_{0j}，U_{0j}），单个部件的可用度具有最大值。也即有一组二维预防性维修间隔期（T_{0j}^*，U_{0j}^*），可以在二维保修期内最大限度地提高单个部件的可用度。采用模拟退火算法求解单个部件可用度的最大值及其对应的（T_{0j}^*，U_{0j}^*）。在图4-6中，(a)、(b) 和 (c) 分别对应部件1、部件2与部件3的模拟退火算法迭代过程，用于求解保修期内部件1、部件2和部件3的最高可用度。由于模拟退火算法通常用于求解目标函数的最小值，因此应取结果的绝对值。图4-7展示了

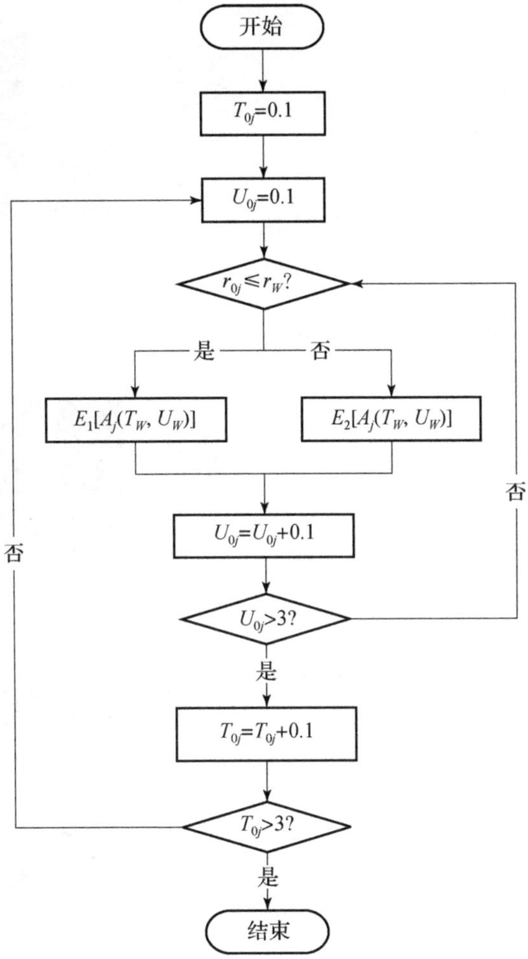

图 4－4　单部件二维保修期内可用度求解流程图

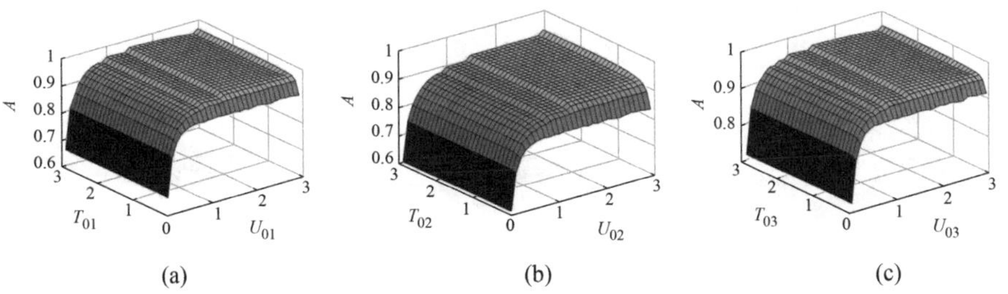

图 4－5　保修期内各部件可用度变化趋势

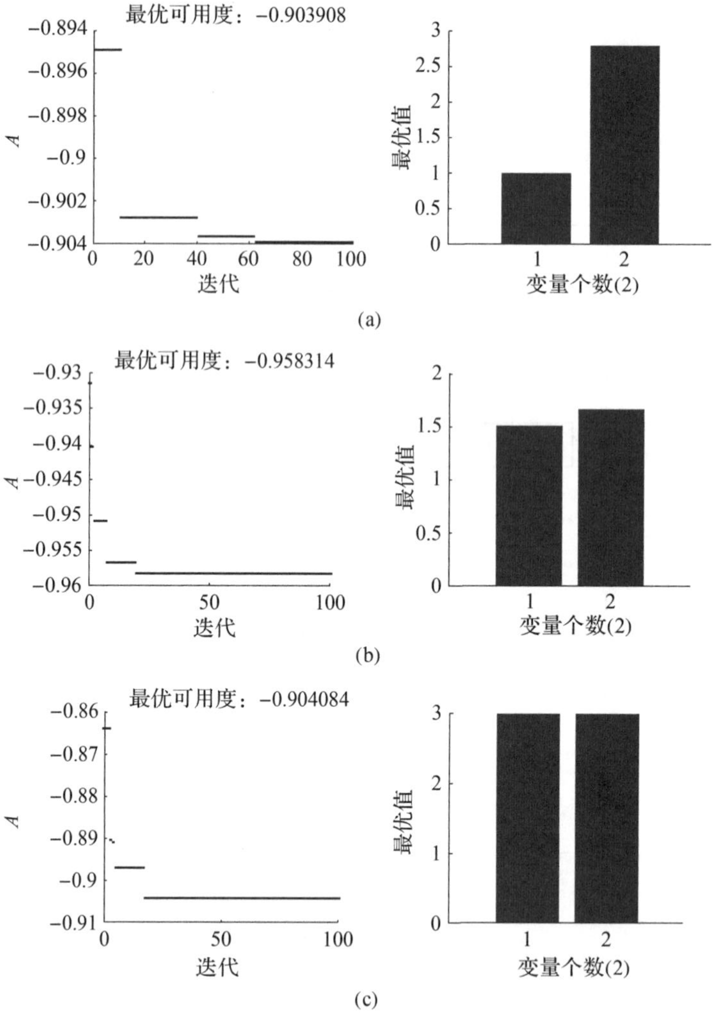

图 4－6　模拟退火算法迭代过程

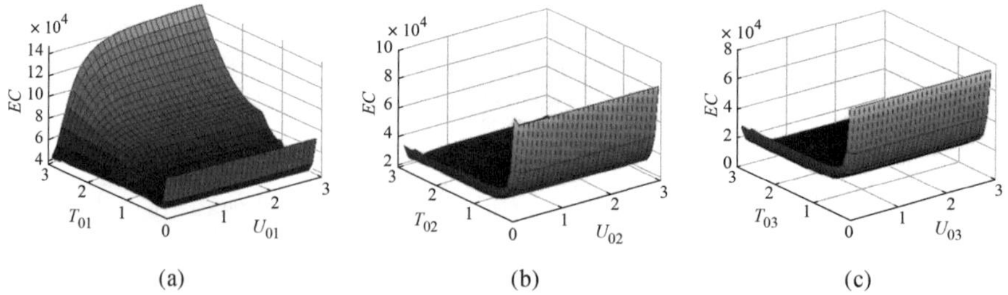

图 4－7　保修期内各部件保修成本变化趋势

二维保修期内各部件保修成本随预防性维修间隔期的变化趋势，结果表明，当部件 1 的二维预防性维修间隔期为（2.786 年，1.004 $\times 10^4$km）时，保修期内的最大可用度为 0.903，保修成本为 46134 元；当部件 2 的二维预防性维修间隔期为（1.669 年，1.507 $\times 10^4$km）时，保修期内的最大可用度为 0.958，成本为 17966 元；当部件 3 的二维预防性维修间隔期为（2.99 年，2.98 $\times 10^4$km）时，保修期内的最大可用度为 0.904，成本为 19290 元。各部件的二维保修成本均低于承制单位可接受的最高成本，因此各部件的二维预防性维修间隔期符合要求。

根据决策模型，按照组合维修的方法，将系统的预防性维修基准间隔期调整为每个部件预防性维修间隔期的最小值。在此基础上，优化并组合每个部件的二维预防性维修时刻。表 4－3 列出了组合维修前后动力装置开展预防性维修工作的情况。

表 4－3　组合维修前后预防性维修计划

<table>
<tr><th rowspan="2">部件编号</th><th colspan="2">组合维修前</th><th rowspan="2">成本/元</th><th rowspan="2">是否接受</th><th colspan="2">组合维修后</th></tr>
<tr><th>时间间隔/年</th><th>使用程度间隔/$\times 10^4$km</th><th>时间间隔/年</th><th>使用程度间隔/$\times 10^4$km</th></tr>
<tr><td>1</td><td>2.768</td><td>1.004</td><td>46134</td><td>是</td><td rowspan="3">1.669</td><td rowspan="3">1.004</td></tr>
<tr><td>2</td><td>1.669</td><td>1.507</td><td>17966</td><td>是</td></tr>
<tr><td>3</td><td>2.99</td><td>2.98</td><td>19290</td><td>是</td></tr>
</table>

与组合维修前相比，每个部件的预防性维修工作不再是等间隔的，而是通过基准预防性维修间隔期的整数倍来进行。组合维修后，动力装置在日历时间维度执行一次预防性维修工作，在行驶里程维度执行两次预防性维修工作。表 4－4 和表 4－5 列出了在不同的使用率下单个部件的预防性

维修时间和使用程度，其中“+”表示进行预防性维修工作，“-”表示不进行预防性维修工作。

表4-4 单个部件的预防性维修时间

部件编号	r（$\times 10^4$km/年）	T_m
1	$r \leq 0.36$	+
2	$r \leq 0.9$	+
3	$r \leq 1$	+

表4-5 单个部件的预防性维修使用程度

部件编号	r（$\times 10^4$km/年）	U_m	$2U_m$
1	$r > 0.36$	+	-
2	$r > 0.9$	+	-
3	$r > 1$	-	+

从表4-4可以看出，组合维修后，当各部件的实际使用率小于或等于r_{0j}时，保修期的截止期首先在日历时间维度到达。当部件1、2和3的使用率分别小于0.36×10^4km/年、0.9×10^4km/年和1×10^4km/年时，三个部件的预防性维修将在1.669年时进行一次，此时，部件1和3的预防性维修时间与组合维修前相比将提前。

从表4-5可以看出，组合维修后，当每个部件的实际使用率大于r_{0j}时，保修期的截止期首先在使用程度维度到达。具体来说，当部件1、2和3的使用率分别大于0.36×10^4km/年、0.9×10^4km/年和1×10^4km/年时，需要在使用程度维度进行不完全预防性维修；当使用程度达到1.004 ×

10^4km/年时，需要同时对部件 1 和部件 2 开展不完全预防性维修。当使用程度达到 2.008×10^4km/年时，需要单独对部件 3 进行不完全预防性维修。

从表 4-4 和表 4-5 可以看出，根据不同的使用率，各部件的预防性维修工作在时间维度或行驶里程维度上以一定的间隔进行，表明该优化方法可为动力装置二维初始保修方案的制定提供参考。

4.1.4.2　结果分析

根据模型描述，结合表 4-3，基于组合维修策略，部件的预防性维修工作被组合起来。表 4-6 列出了组合维修前后系统的可用度对比。

表 4-6　组合维修前后可用度对比

部件	组合维修前				组合维修后			
	T_{0j}^*	U_{0j}^*	$E_{\sum}[A_j^*(T_W,U_W)]$	$A(T_W,U_W)$	T_m	U_m	$A^*(T_W,U_W)$	变化率
1	2.768	1.004	0.903	0.765	1.669	1.004	0.824	7.7%
2	1.669	1.507	0.958					
3	2.99	2.98	0.904					

从表 4-6 可以看出，如果严格执行每个部件的预防性维修计划，则多部件系统在保修期内的可用度为 0.765。按照所提出的组合维修优化方法，多部件系统的可用度为 0.824，比优化前提高了 7.7%。这一结果表明，组合维修策略可以有效提高动力装置的可用度。

在保修期内，如果不采取预防性维修措施，而是仅进行故障后最小维修，则可单独计算每个部件在二维保修期内的可用度。表 4-7 列出了同时采用不完全预防性维修和故障后最小维修与仅采用故障后最小维修时各部件可用度的比较。

表 4-7 采用预防性维修措施前后可用度对比

部件编号	不采用预防性维修措施	采用预防性维修措施			变化率
	$E_{\Sigma}[A_j(T_W,U_W)]$	T_{0j}^*	U_{0j}^*	$E_{\Sigma}[A_j^*(T_W,U_W)]$	
1	0.9	2.768	1.004	0.903	0.3%
2	0.921	1.669	1.507	0.958	4%
3	0.876	2.99	2.98	0.904	3.2%
$A(T_W,U_W)$	0.697	—	—	0.765	10%

从表 4-7 可以看出，在保修期内采取预防性维修措施后，三个部件的可用度显著提高。具体而言，部件 1～3 的可用度分别提高了 0.3%、4%和3.2%。在保修期内，动力装置的可用度增加了 10%，这表明预防性维修可以降低保修期内的故障概率，并极大提高系统的可用度。二维预防性维修策略不同于一维预防性维修，两种策略下保修成本的对比如表 4-8 所示。

表 4-8 一维预防性维修与二维预防性维修方式下保修成本对比

	保修方式			保修成本变化率
	一维预防性保修	二维预防性保修		
预防性维修基准间隔期	T_m/年 1.5	T_m/年 1.669	U_m/万 km 1.004	—
$C^*(T_W,U_W)$	84214	80125		-5%

通过表 4-8 可以看出，如果动力装置采取一维预防性维修策略，即仅在时间维度上考虑预防性维修工作，那么预防性维修基准间隔期为 1.5 年，保修期内的保修成本为 84214 元；如果动力装置采取二维预防性维修

策略，预防性维修基准间隔期分别为 1.669 年和 1.004 万 km，保修期内的保修成本为 80125 元。结果表明采取二维预防性维修策略可以节省承制单位在保修期内的保修成本。

4.2　延伸保修期内的计划维修决策

本节提出一种多部件系统延伸保修期内的计划维修决策方法。计划维修为不完全预防性维修，结合免费保修和按比例保修组合策略，建立了单部件的承制单位和部队保修成本模型，同时建立了单部件可用度模型。考虑多部件之间的经济相关性，采用组合维修方法对各个部件的预防性维修工作进行组合优化，最终得到多部件系统二维延伸保修决策模型。

4.2.1　模型分析与假设

W_B 和 U_B 分别表示二维初始保修期的日历时间期限和使用程度限制。W_E 和 U_E 分别表示二维延伸保修期的日历时间期限和使用程度限制，如图 4-8 所示。R 表示系统使用率，$R = U(t)/T(t)$。其中，$U(t)$表示在时间 t 时系统的使用程度，$T(t)$表示在时间 t 时系统的使用时间，且 $T(t) = t$。在延伸保修期内，系统采用定期不完全预防性维修，对于预防性维修间隔期内发生的故障，采用修复性最小维修，同时引入免费保修和按比例保修相结合的组合保修策略。图 4-9 展示了组合保修规则，即当实际使用率小于或等于设计使用率时，保修成本完全由承制单位承担。当实际使用率大于设计使用率时，承制单位和部队应根据进行维护活动在二维延伸保修平面区域的位置各按比例承担部分保修成本。需要确定最优的二维延伸保修方案，以确保承制单位的二维延伸保修成本最低，并且系统的可用度达到部队要求。

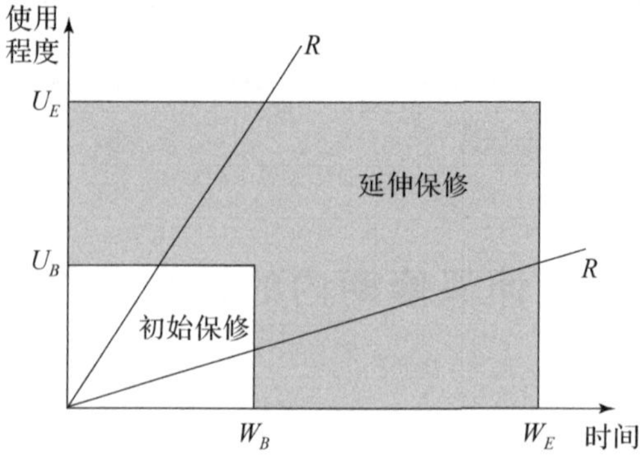

图 4-8　初始保修区域和延伸保修区域

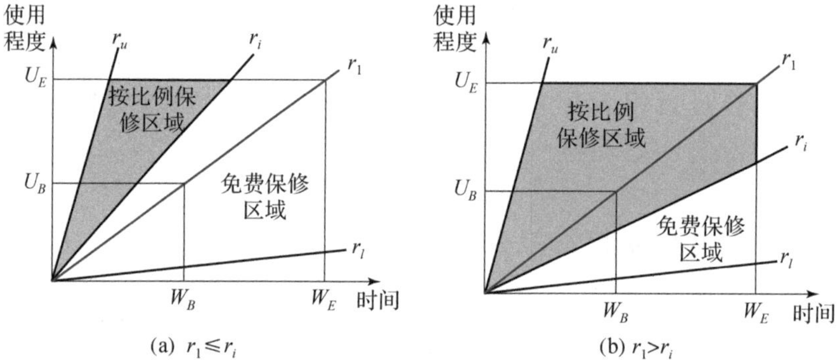

图 4-9　免费保修和按比例保修组合策略

模型建立基于的假设有：

（1）为了便于模型建立，假设初始保修区域的形状参数与延伸保修区域形状参数相同，即 $r_B = W_B/U_B = r_E = W_E/U_E$。

（2）对同一部队而言，系统使用率在延伸保修期内不变，对不同部队而言，系统使用率为一随机变量，服从某一特定分布。

（3）多部件系统内各部件为串联关系。

符号说明如下：

W_B：日历时间维度的初始保修期；

U_B：使用程度维度的初始保修期；

W_E：日历时间维度的延伸保修期；

U_E：使用程度维度的延伸保修期；

I_{t_i}：使用率 r 下延伸保修在时间维度的实际开始时间；

O_{t_i}：使用率 r 下延伸保修在时间维度的实际结束时间；

T_i：部件 i 的预防性维修间隔期；

r_i：部件 i 的设计使用率；

r_l：系统使用率的最小值；

r_u：系统使用率的最大值。

4.2.2　模型建立

4.2.2.1　二维延伸保修成本模型

本模型的二维故障率函数采用直接构造法构建，不完全预防性维修效果采用虚拟工龄法描述。二维保修部件的维修活动通常发生在矩形区域的某个点上，基于组合保修，部队承担的保修成本比例根据维修活动发生点和原点包围的矩形区域确定。t 表示维修活动发生的使用时间，l 并表示维修活动发生的使用程度。根据假设可知：

$$l = tr \tag{4-24}$$

C 表示当次维修活动产生的成本，其中由部队承担的部分和由承制单位承担的部分可表示为

$$Y(t,l) = \begin{cases} \dfrac{t^2 r}{W \cdot U} \cdot C, 0 \leqslant t \leqslant W, 0 \leqslant r \leqslant \dfrac{U}{t} \\ C, t \geqslant W, r > \dfrac{U}{t} \end{cases} \tag{4-25}$$

$$X(t,l) = \begin{cases} \dfrac{W \cdot U - t^2 r}{W \cdot U} \cdot C, 0 \leqslant t \leqslant W, 0 \leqslant r \leqslant \dfrac{U}{t} \\ 0, t \geqslant W, r > \dfrac{U}{t} \end{cases} \tag{4-26}$$

由于使用率是一个随机变量，不同的部队使用率不同，不同使用率下延伸保修期的开始和结束时间是不同的。在实践中，r_1 和 r 具有不同的数量关系。根据两者之间不同的数量关系，延伸保修期和部件预防性维修数量而有所不同。

当 $r_l \leqslant r \leqslant r_1$ 时，部件延伸保修期开始的时间 $I_{t_i} = W_B$，延伸保修期结束的时间 $O_{t_i} = W_E$，所以部件 i 在二维延伸保修期内的预防性维修次数 n_i 为

$$n_i = \begin{cases} \dfrac{W_E - W_B}{T_i + T_i(\theta_i)} - 1, & \dfrac{W_E - W_B}{T_i + T_i(\theta_i)} \in N^* \\ \left\lfloor \dfrac{W_E - W_B}{T_i + T_i(\theta_i)} \right\rfloor, & \dfrac{W_E - W_B}{T_i + T_i(\theta_i)} \notin N^* \end{cases} \tag{4-27}$$

同样的，当 $r_u \geqslant r > r_1$ 时，部件延伸保修期开始时间为

$$I_{t_i} = \frac{U_B}{r} \tag{4-28}$$

部件延伸保修结束的时间为

$$O_{t_i} = \frac{U_E}{r} \tag{4-29}$$

此时部件 i 在二维延伸保修期内的预防性维修次数 n_i 为

$$n_i = \begin{cases} \dfrac{O_{t_i} - I_{t_i}}{T_i + T_i(\theta_i)} - 1, & \dfrac{O_{t_i} - I_{t_i}}{T_i + T_i(\theta_i)} \in N^* \\ \left\lfloor \dfrac{O_{t_i} - I_{t_i}}{T_i + T_i(\theta_i)} \right\rfloor, & \dfrac{O_{t_i} - I_{t_i}}{T_i + T_i(\theta_i)} \notin N^* \end{cases} \tag{4-30}$$

根据不完全预防性维修模型，对于部件 i 而言，第 k 次预防性维修之后，部件的故障率函数为

$$\lambda_i(t|r) = \lambda_i(t - k\theta_i T_i|r) \quad I_{t_i} + kT_i \leqslant t < I_{t_i} + (k+1)T_i, 0 \leqslant k \leqslant n_i \tag{4-31}$$

那么，在第 k 次预防性维修到第 $k+1$ 次预防性维修的间隔期内，发生

最小维修的次数 M_1 为

$$M_1 = \int_{I_{t_i}+k(T_i+T_i(\theta_i))}^{I_{t_i}+k(T_i+T_i(\theta_i))+T_i} \lambda_i(t|r)\,\mathrm{d}t = \int_{I_{t_i}+kT_i}^{I_{t_i}+(k+1)T_i} \lambda_i(t-k\theta_i T_i|r)\,\mathrm{d}t, 0 \leqslant k \leqslant n_i - 1 \tag{4-32}$$

第 n_i 次预防性维修之后到延伸保修期结束的这段时间内，发生的最小维修次数 M_2 为

$$M_2 = \int_{I_{t_i}+n_i(T_i+T_i(\theta_i))}^{O_{t_i}} \lambda_i(t|r)\,\mathrm{d}t = \int_{I_{t_i}+nT_i}^{O_{t_i}} \lambda_i(t-n_i\theta_i T_i|r)\,\mathrm{d}t \tag{4-33}$$

延伸保修期内，期望保修成本主要由两部分构成，即预防性维修成本与最小维修成本。显然，r_1 和 r_i 也存在不相等的数量关系，因此在计算延伸保修成本时应分情况讨论。图 4－10 展示了不同使用率下的二维延伸保修期。

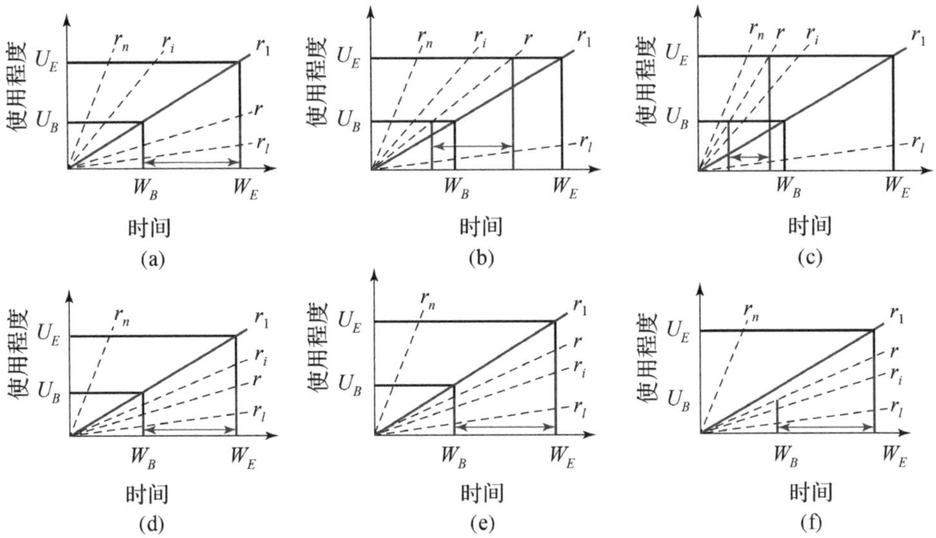

图 4－10　不同使用率下二维延伸保修期示意图

1）当 $r_i > r_1$ 时

（1）$r_l \leqslant r < r_1$。

承制单位在部件保修期内承担的保修成本为

$$EC_{x1}(T_i,I_{t_i},O_{t_i}) = \int_{r_l}^{r_1} \left\{ n_i[C_i(\theta_i) + C_{Di}] + \sum_{k=0}^{n_i-1} C_{fi}M_1 + C_{fi}M_2 \right\} \mathrm{d}G_i(r) \tag{4-34}$$

如图 4-10（a）所示，由于实际使用率没有超过设计使用率，因此部队在部件二维延伸保修期内不需要承担保修成本。

（2）$r_1 \leqslant r < r_i$。

承制单位在部件保修期内承担的保修成本为

$$EC_{x2}(T_i,I_{t_i},O_{t_i}) = \int_{r_1}^{r_i} \left\{ n_i[C_i(\theta_i) + C_{Di}] + \sum_{k=0}^{n_i-1} C_{fi}M_1 + C_{fi}M_2 \right\} \mathrm{d}G_i(r) \tag{4-35}$$

如图 4-10（b）所示，与 $r_l \leqslant r < r_1$ 时类似，由于实际使用率没有超过设计使用率，因此部队在部件二维延伸保修期内不需要承担保修成本。

（3）$r_i \leqslant r < r_u$。

如图 4-10（c）所示，由于部件的实际使用率超过了设计使用率，承制单位和部队应在二维延伸保修期内各按一定比例承担部分保修成本。在部件的二维延伸保修期内，承制单位承担的保修成本如下：

$$EC_{x3}(T_i,I_{t_i},O_{t_i}) = \int_{r_i}^{r_u} \int_{\frac{U_B}{r}}^{\frac{U_E}{r}} \frac{W_E \cdot U_E - t_1 \cdot t_1 \cdot r}{W_E \cdot U_E} \left\{ n_i[C_i(\theta_i) + C_{Di}] + \sum_{k=0}^{n_i-1} C_{fi}M_1 + C_{fi}M_2 \right\} \mathrm{d}t_1 \, \mathrm{d}G_i(r) \tag{4-36}$$

在部件的二维延伸保修期内，部队承担的保修成本如下：

$$EC_{x4}(T_i,I_{t_i},O_{t_i}) = \int_{r_i}^{r_u} \int_{\frac{U_B}{r}}^{\frac{U_E}{r}} \frac{t_1 \cdot t_1 \cdot r}{W_E \cdot U_E} \left\{ n_i[C_i(\theta_i) + C_{Di}] + \sum_{k=0}^{n_i-1} C_{fi}M_1 + C_{fi}M_2 \right\} \mathrm{d}t_1 \, \mathrm{d}G_i(r) \tag{4-37}$$

2）当 $r_i < r_1$ 时

（1）$r_l \leqslant r < r_i$。

承制单位在部件保修期内承担的保修成本为

$$EC_{x5}(T_i, I_{t_i}, O_{t_i}) = \int_{r_l}^{r_i} \left\{ n_i[C_i(\theta_i) + C_{Di}] + \sum_{k=0}^{n_i-1} C_{fi}M_1 + C_{fi}M_2 \right\} \mathrm{d}G_i(r) \tag{4-38}$$

如图 4－10（d）所示，由于实际使用率没有超过设计使用率，因此部队在部件二维延伸保修期内不需要承担保修成本。

（2）$r_i \leqslant r < r_1$。

如图 4－10（e）所示，由于部件的实际使用率超过了设计使用率，承制单位和部队应在二维延伸保修期内各按一定比例承担部分保修成本。在部件的二维延伸保修期内，承制单位承担的保修成本如下：

$$EC_{x6}(T_i, I_{t_i}, O_{t_i}) = \int_{r_i}^{r_1} \int_{W_B}^{W_E} \frac{W_E \cdot U_E - t_1 \cdot t_1 \cdot r}{W_E \cdot U_E} \left\{ n_i[C_i(\theta_i) + C_{Di}] + \sum_{k=0}^{n_i-1} C_{fi}M_1 + C_{fi}M_2 \right\} \mathrm{d}t_1 \, \mathrm{d}G_i(r) \tag{4-39}$$

在部件的二维延伸保修期内，部队承担的保修成本如下：

$$EC_{x7}(T_i, I_{t_i}, O_{t_i}) = \int_{r_i}^{r_1} \int_{W_B}^{W_E} \frac{t_1 \cdot t_1 \cdot r}{W_E \cdot U_E} \left\{ n_i[C_i(\theta_i) + C_{Di}] + \sum_{k=0}^{n_i-1} C_{fi}M_1 + C_{fi}M_2 \right\} \mathrm{d}t_1 \, \mathrm{d}G_i(r) \tag{4-40}$$

（3）$r_1 \leqslant r < r_u$。

如图 4－10（f）所示，与 $r_i \leqslant r < r_1$ 时类似，由于部件的实际使用率超过了设计使用率，承制单位和部队应在二维延伸保修期内各按一定比例承担部分保修成本。在部件的二维延伸保修期内，承制单位承担的保修成本如下：

$$EC_{x8}(T_i,I_{t_i},O_{t_i}) = \int_{r_1}^{r_u} \left(\int_{\frac{U_B}{r}}^{\frac{U_E}{r}} \frac{W_E \cdot U_E - t_1 \cdot t_1 \cdot r}{W_E \cdot U_E} \left\{ n_i[C_i(\theta_i) + C_{Di}] + \sum_{k=0}^{n_i-1} C_{fi}M_1 + C_{fi}M_2 \right\} \mathrm{d}t_1 \right) \mathrm{d}G_i(r) \tag{4-41}$$

在部件的二维延伸保修期内，部队承担的保修成本如下：

$$EC_{x9}(T_i,I_{t_i},O_{t_i}) = \int_{r_1}^{r_u} \left(\int_{\frac{U_B}{r}}^{\frac{U_E}{r}} \frac{t_1 \cdot t_1 \cdot r}{W_E \cdot U_E} \left\{ n_i[C_i(\theta_i) + C_{Di}] + \sum_{k=0}^{n_i-1} C_{fi}M_1 + C_{fi}M_2 \right\} \mathrm{d}t_1 \right) \mathrm{d}G_i(r) \tag{4-42}$$

综上所述，部队在部件二维延伸保修期内预计承担的总成本如下：

$$EC_{1i} = \begin{cases} EC_{x4}(T_i,I_{t_i},O_{t_i}), & r_i > r_1 \\ EC_{x7}(T_i,I_{t_i},O_{t_i}) + EC_{x9}(T_i,I_{t_i},O_{t_i}), & r_i \leqslant r_1 \end{cases} \tag{4-43}$$

承制单位在部件二维延伸保修期内预计承担的总成本如下：

$$EC_{2i} = \begin{cases} EC_{x1}(T_i,I_{t_i},O_{t_i}) + EC_{x2}(T_i,I_{t_i},O_{t_i}) + EC_{x3}(T_i,I_{t_i},O_{t_i}), & r_i > r_1 \\ EC_{x5}(T_i,I_{t_i},O_{t_i}) + EC_{x6}(T_i,I_{t_i},O_{t_i}) + EC_{x8}(T_i,I_{t_i},O_{t_i}), & r_i \leqslant r_1 \end{cases} \tag{4-44}$$

4.2.2.2 二维延伸保修可用度模型

在二维延伸保修期内，部件的停机时间主要包括修复性维修停机时间和预防性维修停机时间。可用度是部件在延伸保修期内的正常工作时间与总使用时间之比。部件可用度可表示为

$$EA = \frac{\text{延伸保修期} - \text{期望停机时间}}{\text{延伸保修期}} \tag{4-45}$$

因此，在二维延伸保修期内计算部件可用度的关键是计算部件的期望停机时间。可以参考二维延伸保修期内期望保修成本的计算方法来计算二维延伸保修期内部件的期望停机时间。只需要将公式中的修复性维

修成本 C_{fi} 和预防性维修成本 C_{pi} 替换为修复性维修时间 T_{fi} 和预防性维修时间 T_{pi}。不同使用率下，二维延伸保修期内部件的停机时间如表 4－9 所示。

表 4－9　不同使用率下部件停机时间

	使用率 r 范围	停机时间	编号
$r_i > r_1$	$r_l \leqslant r < r_1$	$\int_{r_l}^{r_1}\left[n_i T_i(\theta_i) + \sum_{k=0}^{n_i-1} T_{fi}M_1 + T_{fi}M_2\right]\mathrm{d}G_i(r)$	(1)
	$r_1 \leqslant r < r_i$	$\int_{r_1}^{r_i}\left[n_i T_i(\theta_i) + \sum_{k=0}^{n_i-1} T_{fi}M_1 + T_{fi}M_2\right]\mathrm{d}G_i(r)$	(2)
	$r_i \leqslant r < r_u$	$\int_{r_1}^{r_i}\left[n_i T_i(\theta_i) + \sum_{k=0}^{n_i-1} T_{fi}M_1 + T_{fi}M_2\right]\mathrm{d}G_i(r)$	(3)
$r_i < r_1$	$r_l \leqslant r < r_i$	$\int_{r_l}^{r_1}\left[n_i T_i(\theta_i) + \sum_{k=0}^{n_i-1} T_{fi}M_1 + T_{fi}M_2\right]\mathrm{d}G_i(r)$	(4)
	$r_i \leqslant r < r_1$	$\int_{r_1}^{r_i}\left[n_i T_i(\theta_i) + \sum_{k=0}^{n_i-1} T_{fi}M_1 + T_{fi}M_2\right]\mathrm{d}G_i(r)$	(5)
	$r_1 \leqslant r < r_u$	$\int_{r_1}^{r_i}\left[n_i T_i(\theta_i) + \sum_{k=0}^{n_i-1} T_{fi}M_1 + T_{fi}M_2\right]\mathrm{d}G_i(r)$	(6)

二维延伸保修期内部件的总期望停机时间可表示为

$$ED = \begin{cases} (1) + (2) + (3), & r_i > r_1 \\ (4) + (5) + (6), & r_i \leqslant r_1 \end{cases} \tag{4-46}$$

二维延伸保修期内部件的期望可用度可表示为

$$EA_i = \frac{W_E - W_B - ED}{W_E - W_B} \tag{4-47}$$

该模型的决策目标是最小化承制单位在二维延伸保修期内承担的保修成本，约束条件是在二维延伸保修期内，部件的可用度不小于部队要求的

最低值。因此，单部件的二维延伸保修决策模型可以表示为

$$\begin{cases}\min EC_{2i}\\ \text{s. t.}\\ EA_i \geqslant A_{0i}\end{cases} \tag{4-48}$$

式中：A_{0i}表示部队要求的最低可用度。多部件串联系统在二维延伸保修期内的总期望保修成本如下：

$$EC_{\text{total2}} = \sum_{i=1}^{m_s} EC_{2i} \tag{4-49}$$

由于任何部件停机都会导致系统停机，延伸保修期内串联多部件系统的可用度为 1 减去每个部件的不可用度之和。多部件串联系统在二维延伸保修期内的可用度如下：

$$EA = 1 - \sum_{i=1}^{m_s} (1 - EA_i) \tag{4-50}$$

通过求解式（4－50），可以得到单部件最优的预防性维修间隔期和不完全预防性维修改善因子。采用组合维修方法，可以得到组合后多部件系统的总期望保修成本和可用度。

4.2.3　求解优化

根据 4.2.2 节中的单部件二维延伸保修决策模型，采用数值算法进行优化。数值算法通过计算所有相应的目标函数值来寻找最优的决策变量，从而为决策者提供最佳方案。

使 T_i 在［0.1 年，2.9 年］内取值，步长为 0.1 年；使 θ_i 在［0.1，0.9］内取值，步长为 0.1。接下来，计算承制单位承担的预期保修成本 EC_{2i}、由部队承担的预期保修成本 EC_{1i}，以及对应的部件可用度 EA_i，并将它们存储起来用于绘图。最终得到 261 组（T_i，θ_i，EC_{2i}）、（T_i，θ_i，EC_{1i}）和（T_i，θ_i，EA_i）。结合模型的可用度约束，删除不符合要求的方案，然后比较剩余的 EC_{2i}，并找到最小值。同时，输出相应的预防性维修间隔期和

改善因子，即得到单个部件的最优二维延伸保修方案。

在求解过程中，当实际使用率 $r<r_1$ 时，I_{t_i} 和 O_{t_i} 固定，可以通过预防性维护间隔期 T_i 确定二维延伸保修期内预防性维修次数，该值不随实际使用率 r 的变化而变化，此时得到延伸保修成本和可用度是很容易的。当 $r>r_1$ 时，I_{t_i} 和 O_{t_i} 随着实际使用率的变化而不断变化，很难直接使用该算法进行求解。因此，采取化连续为离散的近似算法。具体流程如下：

步骤 1：将 $[r_1, r_u]$ 平均划分为 20 个小区间，每个小区间可表达为

$$[r_{a-1}, r_a), a=1,2,\cdots,20$$

则 r_a 可表示为

$$r_a = r_1 + a \times \frac{r_u - r_1}{20}, a=1,2,\cdots,20$$

步骤 2：确定每个小区间的平均使用率。平均使用率表达式为

$$\overline{r_a} = \int_{r_{a-1}}^{r_a} \frac{sg(s)}{G(r_a) - G(r_{a-1})} ds$$

步骤 3：确定每个小区间出现的概率，计算公式为

$$P_a = G(r_a) - G(r_{a-1})$$

步骤 4：在使用率范围内，可以使用平均使用率 $\overline{r_a}$ 进行近似计算 $I_{t_i} = U_B/\overline{r_a}$ 和 $O_{t_i} = U_E/\overline{r_a}$。在此基础上，可以获得二维延伸保修成本 C_a 和可用度 A_a。结合子区间的概率 P_a，得到该子区间对应的延伸保修成本和可用度。

$$EC_a = C_a P_a, EA_a = A_a P_a$$

步骤 5：计算当 $r>r_1$ 时的期望延伸保修成本和可用度。

$$EC_{r>r_1} = \sum_{a=1}^{20} EC_a, EA_{r>r_1} = \sum_{a=1}^{20} EA_a$$

图 4－11 展示了算法流程，基本编程过程如表 4－10 所示。

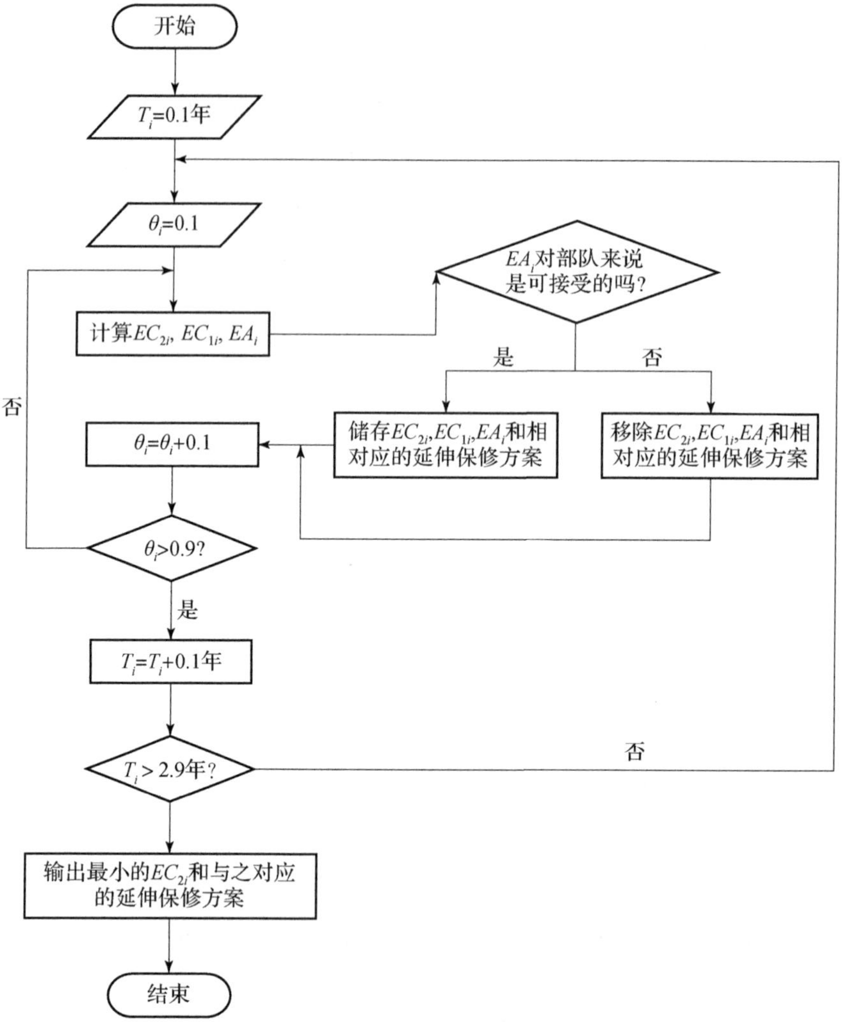

图 4－11　算法流程图

表 4－10　算法基本步骤

算法－网格搜索法基本步骤
1：输入$T_i=0.1:0.1:2.9$
2：输入$\theta_i=0.1:0.1:0.9$
3：**while $b\leqslant 261$ do**

续表

算法－网格搜索法基本步骤
3.　$\boldsymbol{b=1}$；$\boldsymbol{c=1}$
4：　**for** $i=1$：2.9
5：　**for** $j=1$：0.9
6：　计算 $EC_{1i}^{\ c}$，$EC_{2i}^{\ c}$ 和 $EA_i^{\ c}$ 及与之对应的（$T_i(i)$，$\theta_i(j)$）
7：　储存$(T_i,\ \theta_i,\ EC_{2i}^{\ c})_c$，$(T_i,\ \theta_i,\ EC_{1i}^{\ c})_c$ 和$(T_i,\ \theta_i,\ EA_i^{\ c})_c$
8：　$c=c+1$
9：　**end for**
10：　**end for**
11：　**for** $c=1$：261
12：　**if** $EA_i^c < A_{0i}$ **then**
13：　清除 $EC_{1i}^{\ c}$，$EC_{2i}^{\ c}$ 和 $EA_i^{\ c}$ 及与之对应的（$T_i(i)$，$\theta_i(j)$）
14：　**else**
15：　留存 $EC_{1i}^{\ c}$，$EC_{2i}^{\ c}$ 和 $EA_i^{\ c}$ 及与之对应的（$T_i(i)$，$\theta_i(j)$）
16：　**end if**
17：　**end for**
18：　$\boldsymbol{b=b+1}$
19：**end while**
20：输出最小的 EC_{2i} 及与之相对应的 EC_{1i}、EA_i 和（T_i，θ_i）

4.2.4　示例应用

某装备车载侦察系统主要由激光测距机、热像仪和雷达组成。系统的正常运行需要三个部件的密切配合，即三个部件同时工作，以确保系统预定功能的发挥。三个部件是独立的保修单元，需要考虑部件间的经济相关性。各部件都在使用时间（日历时间，单位：年）和使用程度（工作时间，单位：千小时）两个维度上表现出退化，因此适用二维保修策略。由于这三个部件都是技术密集型产品，部队只能进行简单的维护工作，如擦拭、干燥和在其表面通电，修复性维修和更为复杂的预防性维修工作需要由承制单位完成。初始保修期内部队无法对超短波电台形成自主维修保障能力，因此需要采用二维延伸保修策略。车载侦察系统内含众多感光元件，其对使用率较为敏感，且通常在设计阶段规定了设计使用率，超出该使用率则故障较频繁，给承制单位带来较大的保修压力，因此采用按比例保修方式提高承制单位的保修积极性。综合以上分析，结合决策模型，需要在考虑各部件经济相关性的基础上确定车载侦察系统二维延伸保修方案，从而使承制单位保修成本最低，同时满足部队对系统可用度的要求，获得良好的经济效益与军事效益。

通过向军方和装备承制单位调研、参考相关研究，获得车载侦察系统保修决策模型建立的基本条件与相关数据。车载侦察系统三个部件主要故障模式的二维故障率函数如下：

激光测距机：$\lambda_1(t|r)=0.2+0.015r+0.01t^2+0.014rt^2$

热像仪：$\lambda_2(t|r)=0.1+0.06r+0.003t^2+0.001rt^2$

雷达：$\lambda_3(t|r)=0.3+0.02r+0.01t^2+0.02rt^2$

系统的初始保修期为（2 年，2kh），即 $W=2$ 年，$U=2$kh。延伸保修期为（3 年，3kh），即 $W_E=3$ 年，$U_E=3$kh。一年按 360 天计算，延伸保修期内各部件的参数如表 4－11 所示。

表 4－11　参数设置

	r_i/(kh/年)	r_l/(kh/年)	r_u/(kh/年)	C_{fi}/元	T_{fi}/年	C_{Di}/元	A_{0i}	$T_i(\theta_i)$/年	$C_i(\theta_i)$/元
激光测距仪	3.5	0.5	4	2500	6/360	100	0.90	$3/360(1+\theta_i)$	$1000(1+\theta_i)$

续表

	r_i/(kh/年)	r_l/(kh/年)	r_u/(kh/年)	C_{fi}/元	T_{fi}/年	C_{Di}/元	A_{0i}	$T_i(\theta_i)$/年	$C_i(\theta_i)$/元
热像仪	3.8	0.5	4	1200	8/360	100	0.90	4/360 $(1+\theta_i)$	800 $(1+\theta_i)$
雷达	3.7	0.5	4	2900	6/360	100	0.90	4/360 $(1+\theta_i)$	1300 $(1+\theta_i)$

如表 4－11 所示，部件的预防性维修时间和预防性维修成本与不完全预防性维修改善因子呈线性关系，即随着改善因子的增加，相应的时间和成本支出也随之增加。不同部队的使用率遵循双参数威布尔分布。双参数威布尔分布的概率密度函数表达式如下：

$$g(r)=\frac{\delta}{\eta}\left(\frac{r}{\eta}\right)^{\delta-1}\mathrm{e}^{-\left(\frac{r}{\eta}\right)^{\delta}}(0.5\text{kh/年}<r<4\text{kh/年})$$

在本例中，δ 的值为 2，η 的值为 2.5 年。

4.2.4.1　模型求解

基于 4.2.3 节中算法输出的数据，可以分别绘制 EC_{2i}，EC_{1i}和 EA_i 的三维图像，以雷达为例展示图像趋势，如图 4－12 所示。

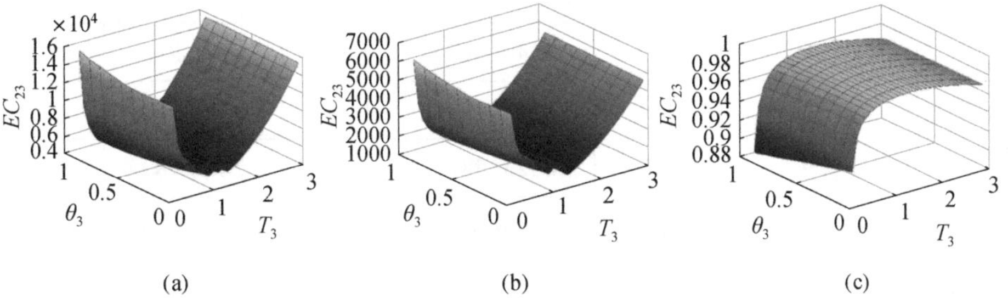

图 4－12　不同延伸保修方案下雷达保修成本及可用度三维图像

图 4－12 展示了延伸保修成本和系统可用度随预防性维修间隔期和改善因子的变化趋势，其中图 4－12（a）和图 4－12（b）分别代表承制单

位承担的延伸保修成本和部队承担的延伸保修成本。如图 4－12（a）所示，当改善因子和预防性维修间隔期较小时，承制单位需要在延伸保修期内承担更多的保修成本，当改善因子和预防性维修间隔期较大时，承制单位承担的保修成本也会增加。根据图像趋势，有最优预防性维修间隔期和改善因子，以最大限度地降低承制单位二维延伸保修成本。图 4－12（b）显示了与图 4－12（a）相同的趋势，即每个部件部队承担的二维延伸保修成本呈现出与承制单位二维延伸保修成本相同的趋势。然而，从保修成本数值的大小来看，部队的保修成本远小于承制单位的保修成本。图 4－12（c）展示了可用度随预防性维修间隔期和改善因子的变化趋势，存在最佳的预防性维修间隔期和改善因子使雷达的期望可用度最大。

模型的决策目标为承制单位期望保修成本最低，通过搜索图 4－12（a）中承制单位的最低期望二维延伸保修成本，可以获得与之相对应的预防性维修间隔期和改善因子。在此基础上，结合图 4－12（b）和图 4－12（c），计算部队的期望二维延伸保修成本和部件的期望可用度，并根据约束条件判断最优方案是否能被部队接受。单部件的最优方案如表 4－12 所示。

表 4－12　单部件最优延伸保修方案

部件编号	最优预防性维修间隔期/年	最优改善因子	承制单位期望保修成本/元	部队期望保修成本/元	部件期望可用度	是否可接受
1	1.6	0.9	2440.084	456.842	0.993	是
2	2	0.9	1116.493	117.817	0.992	是
3	0.9	0.8	4623.587	1786.2	0.982	是
合计	—	—	8180.16	2360.86	0.966	—

部队对车载侦察系统各部件的可用度要求为 0.9，通过表 4－12 可知，最优方案所对应的部件期望可用度均高于该值。激光测距机、热像仪和雷达的最优预防性维修间隔期分别为 1.6 年、2 年和 0.9 年，三个部件的最

优改善因子分别为 0.9、0.9 和 0.8。组合维修前，各部件分别按各自的最优预防性维修间隔期进行预防性维修，使用组合维修方法，将 0.9 年作为系统预防性维修基准间隔期，将每个部件的预防性维修工作组合起来，图 4－13 展示了组合维修后部件预防性维修工作的调整。组合维修后，车载侦察系统在二维延伸保修期内的预防性维修次数从 5 次减少到 3 次。激光测距机和热像仪的预防性维修与雷达的第二次预防性维修同时进行。

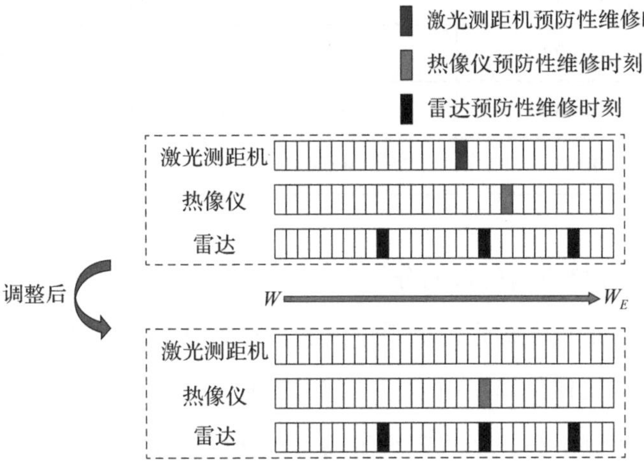

图 4－13　各部件预防性维修工作调整

4.2.4.2　结果分析

1）组合维修前后对比分析

组合维修前后部件与系统的可用度对比如表 4－13 所示。部件的预防性维修工作组合后，承制单位的二维延伸保修成本为 7074.4 元，比组合维修前低 13.5%，这主要是由于多个预防性维修活动只需要一次预防性维修准备成本，从而减少了系统二维延伸保修成本的支出。部件的预防性维修工作组合后，系统可用度为 0.968 元，比组合维修前高 0.2%，这主要是由于组合维修后，当次部件预防性维修时间的最大值为系统停机时间，这在一定程度上减少了系统在二维延伸保修期内的停机时间，提高了系统的可用度。综上所述，组合维修降低了二维延伸保修期内承制单位的保修成本，提高了系统可用度。因此，在延伸保修期内采用组合维修策略是使承制单位和部队双赢的策略。

表 4-13　组合维修前后部件可用度对比

部件编号	调整前部件期望可用度	调整后部件期望可用度	是否接受	变化率
1	0.993	0.992	是	-0.1007%
2	0.992	0.9935	是	0.151%
3	0.982	0.982	是	0
合计	0.966	0.968	—	0.207%

2）按比例保修机制的影响分析

引入按比例保修机制后，承制单位和部队按比例承担保修成本，导致部队在系统二维延伸保修期内承担一定的保修成本，但这部分成本在总保修成本中所占比例不高，在双方约定的延伸保修价格之外由部队向承制单位支付，因此，它可以在一定程度上扩大承制单位的利润率。组合保修前后承制单位利润的变化情况如表 4-14 所示。

表 4-14　组合保修前后承制单位利润对比

部件编号	组合保修后承制单位期望保修成本/元	组合保修前承制单位期望保修成本/元	利润扩大比例
1	2440.084	2896.92	19%
2	1116.493	1234.32	4.9%
3	4623.587	6409.787	49.4%
合计	8180.16	10541.027	33%

由表 4－14 可以看出，采用免费保修和按比例保修相结合保修方式扩大了承制单位的利润率，这可在一定程度上提高承制单位参与系统延伸保修的积极性。部队可通过规范使用行为，降低系统故障风险，减少保修成本。

3）有无预防性维修措施对比分析

在二维延伸保修期内，应定期对车载侦察系统的所有部件进行预防性维修。如果未对系统采取预防性维修措施，仅采用了修复性维修方式，即故障后的最小维修，则承制单位的保修成本和二维延伸保修期内每个部件的可用度可通过计算得到。将所得值与采取预防性维修措施时的值进行比较，得出表 4－15。

表 4－15　有无预防性维修对比

部件编号	无预防性维修		有预防性维修			承制单位成本变化率	可用度变化率
	EC_{2i}/元	EA_i	T_i/年	EC_{2i}/元	EA_i		
1	3425.41	0.951	1.5	2440.08	0.993	－28.8%	4.42%
2	1853.72	0.924	2	1116.49	0.992	－39.8%	7.36%
3	6823.45	0.897	0.9	4623.59	0.982	－32.2%	9.48%
EC_{total2}	12102.58	—	—	8180.16	—	－32.4%	—
EA	—	0.772	—	—	0.966	—	25.1%

对比表明，在二维延伸保修期内，对车载侦察系统采取预防性维修措施后，承制单位的二维延伸保修成本可节省 32.4%，系统可用度可提高 25.1%。这主要是因为预防性维修有利于降低系统的故障率。因此，预防性维修策略在降低承制单位的保修成本和提高系统可用度方面发挥着重要作用。

4）参数灵敏度分析

上述分析基于 3 年（即 1080 天）的延伸保修期。随着延伸保修期的变化，获得的最优延伸保修方案是否适用，值得讨论。延伸保修期发生变化，系统的预防性维修间隔期和相应的延伸保修成本及系统可用度的计算方法与案例相同，如表 4－16。

表 4－16　不同延伸保修期下的延伸保修方案

方案	W_E/天	T_J/天	EC/元	EA	费效比
1	1080	324	7074.4	0.9680	6.77
2	1188	432	8256.6	0.9673	6.16
3	1296	360	9087.4	0.9595	6.06
4	**1404**	**324**	**10413.7**	**0.9578**	**5.99**
5	1512	288	11480.3	0.9568	6.36
6	1620	360	12962.5	0.9551	7.09
7	1728	324	14406.9	0.9537	7.76
8	1836	468	16117.9	0.9518	9.22
9	1944	360	18093.2	0.9497	9.8
10	2052	288	19536.5	0.9487	10.04
11	2160	252	22520.5	0.9459	11.02
12	2268	252	23277.5	0.9456	10.85
13	2376	288	25458.6	0.9437	11.35

如表 4－16 所示，随着延伸保修期的变化，预防性维修基准间隔期将发生不规则的变化。此外，随着延伸保修期变长，系统延伸保修成本增加，可用度降低。延伸保修期与系统延伸保修成本呈显著正相关，而延伸保修期与系统可用度呈显著负相关。

第 5 章　装备保修决策中视情维修策略的运用

由于高可靠性装备的故障数据有限，基于故障时间数据的传统可靠性模型并不适用，视情维修为这类装备维护活动的实施提供了便利。视情维修得益于现代传感器和通信技术的快速发展，通过传感器监控和跟踪系统的健康状态，从而适时安排合理的维修活动。视情维修主要通过对产品进行定期或连续监测实现，与计划维修或故障后维修不同，视情维修强调根据装备的实际运行状态和性能指标来决定维修时机和维修内容，旨在最大程度地降低维修成本、提高装备可靠性和可用性。本章将针对考虑视情维修的装备保修决策方法进行研究，探讨如何在初始保修期和延伸保修期内应用视情维修策略，进而为装备提供更优质、更高效的保修服务。

5.1　初始保修期内的视情维修决策

视情维修能充分利用装备使用寿命，最大限度降低维修工作量，提高装备完好率。因此，视情维修得到了越来越多关注，其应用领域不断扩大。为此，考虑视情维修的优势，在初始保修期内采取视情维修策略，针对 Gamma 退化系统，采用定期检测策略并区分首次检测间隔期和后续检测间隔期，以系统可用度为主要绩效评价指标，基于线性收益函数将系统可用度与承制单位利润关联，主要目标是找到最优的首次检测间隔期、后续检测间隔期及预防性维修阈值，以实现承制单位利润最大化，在最优保修方案的基础上，通过需求函数以及承制单位总利润函数推导出装备最优价格，进而计算出承制单位总利润。

5.1.1 模型分析与假设

研究对象为可修退化系统，对该系统实施视情维修策略和绩效保修策略，绩效保修策略受军方和承制单位签订的绩效保修合同约束，由承制单位在保修期内对该系统实施定期检测，并开展相应的预防性维修和修复性维修活动。建模的目的是确定最佳的首次检测间隔期、重复检测间隔和预防性维护阈值，预防性维护阈值即为承制单位的性能保证阈值。决策的目的是实现承制单位在绩效保修合同框架下的最大利润。

1. 符号说明

W 绩效保修期

b_p 预防性维修阈值

b_f 物理失效阈值

$Y(t)$ 系统在时间维度退化路径

C_p 单次预防性维修成本

C_f 单次修复性维修成本

T_p 单次预防性维修耗时

T_f 单次修复性维修耗时

C_i 检测成本

T_i 检测耗时

T_1 首次检测间隔期

T 后续检测间隔期

$T_{\max}$ 检测间隔期时间限制

T_{work}　系统保修期内的工作时间

T_{halt}　系统保修期内的停机时间

$E_{1,k}(T_{\text{halt}})$　第 k 次检测时实施了预防性更换的期望停机时间

$E_{2,k}(T_{\text{halt}})$　第 k 次检测时实施了修复性更换的期望停机时间

$E_{1,k}(C)$　第 k 次检测时实施了预防性更换的期望保修成本

$E_{2,k}(C)$　第 k 次检测时实施了修复性更换的期望保修成本

$E(T_{\text{halt}})$　保修期内期望停机时间

EC　保修期内期望保修成本

ER　承制单位绩效保修总收益

$A_{\min}$　军方可接受的最低系统可用度

S_p　装备价格

$Q(W,b_p,S_p)$　装备需求

L　承制单位销售总利润

L_s　承制单位总利润

2. 相关假设

（1）系统的状态通过检测获得，并且检测是完美检测。

（2）如果 $Y(t)<b_p$，系统将继续工作直到下一次检测。

（3）如果 $b_p<Y(t)<b_f$，系统会进行预防性维修。预防性维修为不完全维修，运用（p，q）模型描述不完全维修效果，具体来说，系统有 p 的概率修复如新，有 $q(q=1-p)$ 的概率修复如旧，即维持维修前的状态不变。

（4）如果 $Y(t)>b_f$，系统发生故障，对其进行修复性维修。修复性维修是完全维修，修复后系统恢复如新。

（5）系统故障类型为隐蔽功能故障，因此系统发生故障后会继续工作直到下次检测才能被发现。

退化系统定期检测示意图如图 5－1 所示。

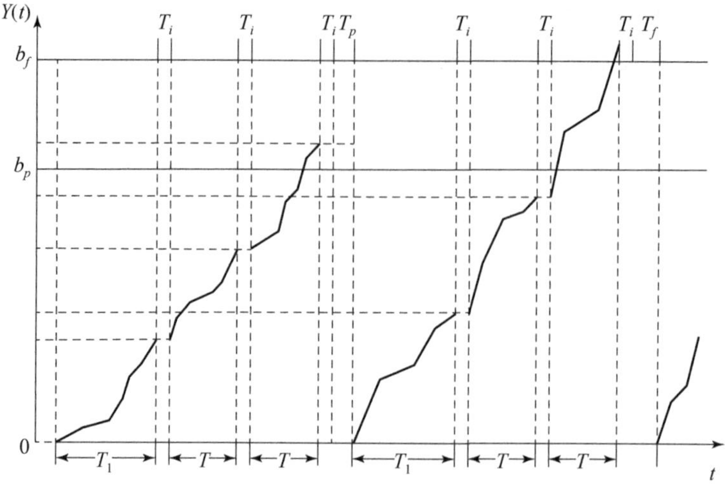

图 5－1　退化系统定期检测策略示意

5.1.2　模型建立

5.1.2.1　性能退化模型

系统在使用过程中，性能会发生自然退化。退化是在外界应力作用下设备内部材料发生渐进变化的一种物理或化学过程，该过程为随机过程。对于一个系统来说，退化相当于损伤的累积，随着时间的推移，当累积损伤超过故障阈值时，系统就会发生故障。图 5－2 描述了退化故障过程，其中 $Y(t)$ 表示 t 时刻的性能退化量，b_f 表示物理失效阈值，T_b 表示到达故障阈值的时间。

系统的退化过程通常是随机的，因此使用随机过程来描述系统退化过程中的不确定性是一种相对有效的方法。为了便于数学表达，常用的随机退化过程大多是单调和稳定的独立增量过程，比如 Wiener 过程和 Gamma 过程。Wiener 过程更适合描述退化量非单调增加（或减少）的退化过程。对于退化量单调增加（或减少）的退化过程，Gamma 过程则更为合适。对于 Gamma 过程定义，在任意时间间隔内，系统退化增量服从 Gamma 分布，其对应的概率密度函数和累积分布函数为

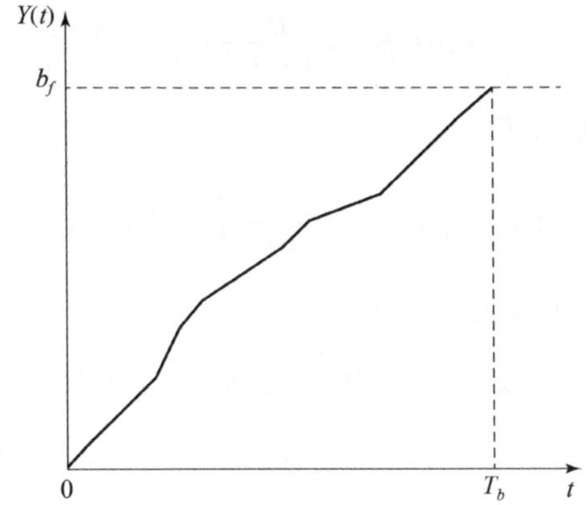

图 5－2　系统性能退化过程

$$\begin{cases} f_{t_1,t_2}(x\mid\alpha,\beta)=\dfrac{1}{\Gamma(\alpha(t_2-t_1))\beta^{\alpha(t_2-t_1)}}x^{\alpha(t_2-t_1)-1}\mathrm{e}^{-\frac{x}{\beta}}I_{x\geqslant 0} \\ F_{t_1,t_2}(x\mid\alpha,\beta)=1-\dfrac{\Gamma\left(\alpha(t_2-t_1),\dfrac{x}{\beta}\right)}{\Gamma(\alpha(t_2-t_1))} \end{cases} \tag{5-1}$$

其中，$\alpha>0$ 和 $\beta>0$ 分别为 Gamma 过程对应的 Gamma 分布的形状参数和尺度参数，$I_{x\geqslant 0}$ 为示性函数，有

$$I_{x\geqslant 0}=\begin{cases}1, x\geqslant 0\\ 0, x<0\end{cases} \tag{5-2}$$

对一个 Gamma 随机过程 $\{Y(t), t\geqslant 0\}$ 来说，如果满足以下特性则为连续时间 Gamma 随机过程：

（1）形状参数 $\alpha(t)$ 是一个非负、右连续的实值函数，$t\geqslant 0$，$\alpha(0)\equiv 0$。

（2）$Y(0)=0$；

（3）对于所有 $t\geqslant 0$ 和 $\Delta t>0$，$Y(t+\Delta t)-Y(t)\sim Ga(t;\alpha(\Delta t),\beta)$；

（4）$Y(t)$ 具有独立的增量。

更进一步地，如果形状参数 $\alpha(t)$ 是时间 t 的线性函数，那么该随机过程为平稳 Gamma 过程。在本书中，假设 $\alpha(t)=\alpha t$，则概率密度函数可以表示为

$$f(x;\alpha t,\beta)=\frac{\beta^{\alpha t}}{\Gamma(\alpha t)}x^{\alpha t-1}\mathrm{e}^{-\beta x} \tag{5-3}$$

分布函数可以表示为

$$F(x;\alpha t,\beta)=\frac{\beta^{\alpha t}}{\Gamma(\alpha t)}\int_0^x u^{\alpha t-1}\mathrm{e}^{-\beta u}\mathrm{d}u \tag{5-4}$$

5.1.2.2 预防性维修概率模型

记在第 k 次检测时实施完善预防性维修的概率为 δ_k。在第一次检测时，如果 $b_p<Y(t)<b_f$，会以概率 p 进行完善预防性维修，则第一次检测时就实施完善的预防性维修概率可表示为

$$\delta_1=prob\{b_p<Y(T_1)<b_f\}\cdot p \tag{5-5}$$

探讨第二次检测时实施完善的预防性维修的概率应考虑第一次检测时的情况，因此第二次检测时实施完善的预防性维修包含两种情况：第一种情况是在第一次检测时不需要进行预防性维修，第二次检测时需要进行预防性维修且实施成功；第二种情况是在第一次检测时需要进行预防性维修但没有成功，到第二次检测之间系统没有故障，实施了预防性维修且成功了。第一种情况出现的概率为

$$prob_{\mathrm{Sit}_1}^2=prob\{Y(T_1)<b_p\cap b_p<Y(T_1+T)<b_f\}\cdot p \tag{5-6}$$

第二种情况出现的概率为

$$\begin{aligned}prob_{\mathrm{Sit}_2}^2=prob\{&b_p<Y(T_1)<b_f\\&\cap b_p<Y(T_1+T)<b_f\}\cdot(1-p)p\end{aligned} \tag{5-7}$$

则第二次检测时实施完善的预防性维修的概率为

$$\delta_2=prob_{\mathrm{Sit}_1}^2+prob_{\mathrm{Sit}_2}^2 \tag{5-8}$$

探讨第三次检测时实施完善的预防性维修的概率应考虑第一次和第二次检测时的情况，因此第三次检测时实施完善的预防性维修包含三种情况：第一种情况是前两次检测系统均未达到预防性维修阈值，第三次检测时系统达到预防性维修阈值并实施了完善预防性维修；第二种情况是第一次检测时系统没有达到预防性维修阈值，第二次检测时系统达到预防性维

修阈值但没有成功实施完善的预防性维修，在第三次检测时才实施了完善预防性维修；第三种情况是在前两次检测时都进行了预防性维修但都未成功，直到第三次检测才成功实施了完善的预防性。第一种情况出现的概率为

$$prob_{\mathrm{Sit}_1}^{3}=prob\{Y(T_1+T)<b_p \cap b_p<Y(T_1+2T)<b_f\}\cdot p \tag{5-9}$$

第二种情况出现的概率为

$$prob_{\mathrm{Sit}_2}^{3}=prob\{Y(T_1)<b_p \cap b_p<Y(T_1+T)<b_f \cap b_p<Y(T_1+2T)<b_f\}\cdot(1-p)p \tag{5-10}$$

第三种情况出现的概率为

$$prob_{\mathrm{Sit}_3}^{3}=prob\{b_p<Y(T_1)<b_f \cap b_p<Y(T_1+2T)<b_f\}\cdot(1-p)^2 p \tag{5-11}$$

则第三次检测时实施完善的预防性维修的概率为

$$\delta_3=prob_{\mathrm{Sit}_1}^{2}+prob_{\mathrm{Sit}_2}^{2}+prob_{\mathrm{Sit}_3}^{2} \tag{5-12}$$

将上述结论推广到更一般的情况，第 k（$k\geqslant 3$）次检测实施完善的预防性维修的概率可表示为

$$\begin{aligned}\delta_k = {} & prob\{Y(T_1+(k-2)T)<b_p \cap b_p<Y(T_1+(k-1)T)<b_f\}\cdot p \\ & +\sum_{n=2}^{k-1} prob\{Y(T_1+(n-2)T)<b_p \cap b_p<Y(T_1+(n-1)T)<b_f \\ & \cap b_p<Y(T_1+(k-1)T)<b_f\}\cdot(1-p)^{k-n}p \\ & +prob\{b_p<Y(T_1)<b_f \cap b_p<Y(T_1+(k-1)T)< \\ & b_f\}\cdot(1-p)^{k-1}p\end{aligned} \tag{5-13}$$

其中，

$prob\{Y(T_1+(k-2)T)<b_p \cap b_p<$

$$Y(T_1+(k-1)T)<b_f\}=\int_0^{b_p}\begin{matrix}f(u,\alpha(T_1+(k-2)T),\beta)\\ \cdot\int_{b_p-u}^{b_f-u}f(v,T,\beta)\mathrm{d}v\end{matrix}\mathrm{d}u \quad (5-14)$$

$$prob\{Y(T_1+(n-2)T)<b_p\cap b_p<Y(T_1+(n-1)T)<b_f\cap b_p<Y(T_1+(k-1)T)<b_f\}$$
$$=\int_0^{b_p}f(u,\alpha,T_1+(n-2)T),\beta)\int_{b_p-u}^{b_f-u}f(v,\alpha T,\beta)\cdot F(b_f-u-v,\alpha(k-n)T,\beta)\mathrm{d}v\mathrm{d}u \quad (5-15)$$

$$prob\{b_p<Y(T_1)<b_f\cap b_p<Y(T_1+(k-1)T)<b_f\}$$
$$=\int_{b_p}^{b_f}f(u,\alpha T_1,\beta)F(L_f-u;\alpha(k-1)T,\beta)\mathrm{d}u \quad (5-16)$$

5.1.2.3 修复性更新概率模型

记在第 k 次检测时进行修复性更新的概率为 φ_k。在第一次检测时进行修复性更新的概率为

$$\varphi_1=prob\{Y(T_1)>b_f\} \quad (5-17)$$

探讨第二次检测时进行修复性更新的概率应考虑第一次检测时的情况，因此第二次检测时进行修复性更新包含两种情况：第一种情况是在第一次检测时系统处于健康状态，第二次检测时累积退化量超过了故障阈值；第二种情况是第一次检测时需要进行预防性维修，但并未成功，第二次检测时累积退化量超过了故障阈值。第一种情况出现的概率为

$$cprob_{\mathrm{Sit}_1}^2=prob\{Y(T_1)<b_p\cap Y(T_1+T)>b_f\} \quad (5-18)$$

第二种情况出现的概率为

$$cprob_{\mathrm{Sit}_2}^2=prob\{b_p<Y(T_1)<b_f\cap Y(T_1+T)>b_f\}\times(1-p) \quad (5-19)$$

则第二次检测时进行修复性更新的概率为

$$\varphi_2=cprob_{\mathrm{Sit}_1}^2+cprob_{\mathrm{Sit}_2}^2 \quad (5-20)$$

探讨第三次检测时进行修复性更新的概率应考虑第一次和第二次检测

时的情况，因此第三次检测时进行修复性更新包含三种情况：第一种情况是前两次检测系统都处于健康状态，第三次检测时系统处于故障状态；第二种情况是第二次检测时首次需要进行预防性维修，但并未成功，在第三次检测时系统的累积退化量超过了故障阈值；第三种情况是前两次检测时都进行了预防性维修，但都没能成功，第三次检测时累积退化量超过了故障阈值。第一种情况出现的概率为

$$cprob_{\mathrm{Sit}_1}^{3}=prob\{Y(T_1+T)<b_p\cap Y(T_1+2T)>b_f\} \tag{5-21}$$

第二种情况出现的概率为

$$\begin{aligned}cprob_{\mathrm{Sit}_2}^{3}=prob\{&Y(T_1)<b_p\\&\cap b_p<Y(T_1+T)<b_f\\&\cap Y(T_1+2T)>b_f\}\cdot(1-p)\end{aligned} \tag{5-22}$$

第三种情况出现的概率为

$$\begin{aligned}cprob_{\mathrm{Sit}_3}^{3}=prob\{&b_p<Y(T_1)<b_f\\&\cap b_p<Y(T_1+T)<b_f\\&\cap Y(T_1+2T)>b_f\}\cdot(1-p)^2\end{aligned} \tag{5-23}$$

则第三次检测时进行修复性更新的概率为

$$\varphi_3=cprob_{\mathrm{Sit}_1}^{3}+cprob_{\mathrm{Sit}_2}^{3}+cprob_{\mathrm{Sit}_3}^{3} \tag{5-24}$$

探讨第四次检测时进行修复性更新的概率应考虑第一次、第二次以及第三次检测时的情况，因此第四次检测时进行修复性更新包含四种情况：第一种情况是前三次检测系统都处于健康状态，第四次检测时系统处于故障状态从而进行修复性更新；第二种情况是在第三次检测时首次需要进行预防性维修，但并未成功，第四次检测时累积退化量超过了故障阈值从而进行修复性更新；第三种情况是系统在第二次检测时首次需要进行预防性维修，但并未成功，第三次检测时实施预防性维修也未成功，第四次检测时累积退化量超过了故障阈值；第四种情况是前三次检测都进行了预防性维修，但都没有成功，第四次检测时系统的累积退化量超过了故障阈值从

而进行修复性更新。第一种情况出现的概率为

$$cprob_{\mathrm{Sit}_1}^4 = prob\{Y(T_1+2T)<b_p \cap Y(T_1+3T)>b_f\} \tag{5-25}$$

第二种情况出现的概率为

$$\begin{aligned} cprob_{\mathrm{Sit}_2}^4 = prob\{ & Y(T_1+T)<b_p \\ & \cap b_p<Y(T_1+2T)<b_f \\ & \cap Y(T_1+3T)>b_f\} \cdot (1-p) \end{aligned} \tag{5-26}$$

第三种情况出现的概率为

$$\begin{aligned} cprob_{\mathrm{Sit}_3}^4 = prob\{ & Y(T_1)<b_p \\ & \cap b_p<Y(T_1+T)<b_f \\ & \cap b_p<Y(T_1+2T)<b_f \\ & \cap Y(T_1+3T)>b_f\} \cdot (1-p)^2 \end{aligned} \tag{5-27}$$

第四种情况出现的概率为

$$\begin{aligned} cprob_{\mathrm{Sit}_3}^4 = prob\{ & b_p<X(T_1)<b_f \\ & \cap b_p<X(T_1+2T)<b_f \\ & \cap X(T_1+3T)>b_f\} \cdot (1-p)^3 \end{aligned} \tag{5-28}$$

则第四次检测时进行修复性更新的概率为

$$\varphi_4 = cprob_{\mathrm{Sit}_1}^4 + cprob_{\mathrm{Sit}_2}^4 + cprob_{\mathrm{Sit}_3}^4 + cprob_{\mathrm{Sit}_4}^4 \tag{5-29}$$

将上述结论推广到更一般的情况，第 $k(k\geqslant 4)$ 次检测进行修复性更新的概率可表示为

$$\begin{aligned} \varphi_k = {} & prob\{Y(T_1+(k-2)T) < b_p \cap Y(T_1+(k-1)T) > b_f\} \\ & + prob\{Y(T_1+(k-3)T) < b_p \cap b_p < Y(T_1+(k-2)T) < \\ & b_f \cap Y(T_1+(k-1)T) > b_f\} \cdot (1-p) \\ & + \sum_{n=2}^{k-2} prob\{Y(T_1+(n-2)T) < b_p \cap b_p < Y(T_1+(n-1)T) < b_f \cap b_p < \\ & Y(T_1+(k-2)T) < b_f \cap Y(T_1+(k-1)T) > b_f\} \cdot (1-p)^{k-n} \\ & + prob\{b_p < Y(T_1) < b_f \cap b_p < Y(T_1+(k-2)T) < b_f \cap \end{aligned}$$

$$Y(T_1+(k-1)T)>b_f\}\cdot(1-p)^{k-1} \quad (5-30)$$

其中，

$$prob\{Y(T_1+(k-2)T)<b_p\cap Y(T_1+(k-1)T)>b_f\}$$
$$=\int_0^{b_p}f(u,\alpha(T_1+(k-2)T),\beta)[1-F(b_f-u,\alpha T,\beta)]\mathrm{d}u \quad (5-31)$$

$$prob\{Y(T_1+(k-3)T)<b_p\cap b_p<Y(T_1+(k-2)T)<$$
$$b_f\cap Y(T_1+(k-1)T)>b_f\}$$
$$=\int_0^{b_p}f(u,\alpha(T_1+(k-3)T),\beta)\int_{b_p-u}^{b_f-u}f(v,\alpha T,\beta)$$
$$[1-F(b_f-u-v,\alpha T,\beta)]\mathrm{d}v\mathrm{d}u \quad (5-32)$$

$$prob\{Y(T_1+(n-2)T)<b_p\cap b_p<Y(T_1+(n-1)T)<b_f\cap b_p<$$
$$Y(T_1+(k-2)T)<b_f\cap Y(T_1+(k-1)T)>b_f\}$$
$$=\int_0^{b_p}f(u,\alpha(T_1+(n-2)),\beta)\int_{b_p-u}^{b_f-u}f(v,\alpha T,\beta)\times$$
$$\int_0^{b_f-u-v}f(w,\alpha((k-n-1)T),\beta)$$
$$[1-F(b_f-u-v-w,\alpha T,\beta)]\mathrm{d}w\mathrm{d}v\mathrm{d}u \quad (5-33)$$

5.1.2.4　系统期望保修成本和可用度模型

保修期内系统的可用度可表示为

$$A=\frac{T_{\text{work}}}{T_{\text{work}}+T_{\text{halt}}} \quad (5-34)$$

保修期内系统的期望工作时间可表示为

$$E(T_{\text{work}})=\sum_{k=1}^{\lambda}(T_1+(k-1)T)\times\delta_k$$
$$+\sum_{k=1}^{\lambda}(T_1+(k-1)T)\times\varphi_k \quad (5-35)$$

式中：λ 表示保修期内的检测次数，λ 的表达式为

$$\lambda=1+\left\lfloor\frac{W-T_1-T_i}{T+T_i}\right\rfloor,T_1<W \quad (5-36)$$

保修期内期望停机时间为

$$E(T_{\text{halt}}) = \sum_{j=1}^{2}\sum_{k=1}^{\lambda} E_{j,k}(T_{\text{halt}}) \tag{5-37}$$

$E_{1,k}(T_{\text{halt}})$的表达式为

$$E_{1,k}(T_{\text{halt}}) = \begin{cases} (T_i + T_p) \cdot \delta_1, k=1 \\ (2T_i + T_p) \cdot \delta_2, k=2 \\ (kT_i + T_p) \cdot \delta_k, 2 < k \leqslant \lambda \end{cases} \tag{5-38}$$

$E_{2,k}(T_{\text{halt}})$的表达式为

$$E_{2,k}(T_{\text{halt}}) = \begin{cases} (T_i + T_f) \cdot \varphi_1, k=1 \\ (2T_i + T_f) \cdot \varphi_2, k=2 \\ (3T_i + T_f) \cdot \varphi_3, k=3 \\ (kT_i + T_f) \cdot \varphi_k, 3 < k \leqslant \lambda \end{cases} \tag{5-39}$$

期望保修成本的表达式与期望停机时间的推导类似，只需要对相应的符号进行替换即可。具体来说，用检测费用 C_i代替检测时间 T_i，用每次预防性维修和修复性维修的平均费用 C_p、C_f代替每次预防性维修和修复性维修的平均时间 T_p、T_f。保修期内的期望保修成本表达式为

$$EC = \sum_{j=1}^{2}\sum_{k=1}^{\lambda} E_{j,k}(C) \tag{5-40}$$

5.1.3 绩效保修决策优化模型

以系统可用度为主要绩效评价指标，利用线性收益函数描述制造商额外利润与可用度之间的关系，其表达式为

$$ER = \begin{cases} 0, & A < A_{\min} \\ \varepsilon + \sigma(A - A_{\min}), & A \geqslant A_{\min} \end{cases} \tag{5-41}$$

其中，ε 表示承制单位绩效保修固定收益，$\sigma(A - A_{\min})$表示根据绩效结果给予的激励。如果 $A < A_{\min}$，承制单位不会获得任何额外收益；如果

$A \geqslant A_{\min}$，承制单位既能获得固定收益，也可以获得奖励收益。以承制单位期望保修利润最大为目标建立绩效保修决策优化模型，该模型可表示为

$$\begin{aligned}&\max EP(T_1, T, b_p) = ER - EC\\&(T_1^*, T^*, b_p^*) = \arg\max EP\\&\text{s. t.}\begin{cases}0 < T < T_1 < T_{\max}\\0 < b_p < b_f\end{cases}\end{aligned}\tag{5-42}$$

可通过求解式（5-42），得到最优的首次检测间隔期、连续检测间隔期以及最优预防性维修阈值，同时可以得到与上述最优绩效保修方案相对应的承制单位最大利润。装备的需求函数可表示为

$$Q(W, b_p, S_p) = \zeta_1 S_p^{-\chi_1}(\zeta_2 + W)^{\chi_2}\left(1 + \zeta_3 \frac{b_f - b_p}{b_f}\right)^{\chi_3}\tag{5-43}$$

其中，$\zeta_1 > 0$，$\zeta_2 > 0$，$\zeta_3 > 0$，$\chi_1 > 1$，$0 < \chi_2 < 1$，$0 < \chi_3 < 1$。ζ_1 和 ζ_3 是幅度因子，ζ_2 是一个常数，允许在没有保修的情况下出现非零需求的可能性。χ_1，χ_2，χ_3 均为弹性系数。则承制单位装备销售的总利润由下式给出：

$$\begin{aligned}L(W, b_p, S_p) &= Q(W, b_p, S_p) \cdot (S_p - C_s - EC)\\&= \left[\zeta_1 S_p^{-\chi_1}(\zeta_2 + W)^{\chi_2}\left(1 + \zeta_3 \frac{b_f - b_p}{b_f}\right)^{\chi_3}\right] \cdot (S_p - C_s - EC)\end{aligned}\tag{5-44}$$

其中，C_s代表产品生产成本。

命题1：设 $W \geqslant 0$，$b_p \leqslant b_f$，使承制单位装备销售总利润最大的最优产品价格由下式给出：

$$S_p^* = \frac{\chi^1}{\chi^1 - 1}(C_s + EC)\tag{5-45}$$

证明：通过对 S_p 求导，一阶导数由下式给出：

$$\begin{aligned}\frac{\mathrm{d}L(W, b_p, S_p)}{\mathrm{d}S_p} = \zeta_1 S_p^{-\chi_1 - 1}(\zeta_2 + W)^{\chi_2}\left(1 + \zeta_3 \frac{b_f - b_p}{b_f}\right)^{\chi_3}\Big] \cdot\\(S_p - \chi_1(S_p - C_s - EC))\end{aligned}\tag{5-46}$$

使式（5-46）取零值，可得到式（5-45）。将式（5-46）等号右

侧对 S_p 求导，可进一步得到对 S_p 的二阶导数，由下式给出：

$$\frac{\mathrm{d}L(W,b_p,S_p)}{\mathrm{d}S_p^2}=\zeta_1 S_p^{-\chi_1-2}(\zeta_2+W)^{\chi_2}\left(1+\zeta_3\frac{b_f-b_p}{b_f}\right)^{\chi_3}]\cdot$$

$$((\chi_1+1)\cdot(S_p-C_s-EC)-2S_p) \tag{5-47}$$

将式（5-45）代入式（5-47），所得值为 $-(C_s+EC)$，易知该值严格小于零，因此，存在式（5-45）给出的最优装备价格使承制单位装备销售总利润最大。则承制单位总利润为

$$L_s=L+EP\cdot Q \tag{5-48}$$

5.1.4 算法

承制单位期望保修利润最大化是主要的优化目标，需要找到最优的首次检测间隔期、重复检测间隔期和预防性维修阈值。从模型建立的过程可以看出，最优的决策变量很难找到，因为模型中所包含的表达式非常复杂，传统的数值算法求解耗时长且精度低。为此，采用智能优化算法求解所提出的模型。麻雀搜索算法（Sparrow Search Algorithm，SSA）是2020年薛建凯等人提出的一种新型的群智能算法，具有原理简单、搜索能力强、快速寻优等优点。在麻雀搜索算法中包含三种类型的麻雀个体，即发现者、跟随者和侦察者。发现者在麻雀群体中占有主导地位，负责为整个群体寻找食物并且提供食物的方位和拥有食物的区域。跟随者会一直对发现者进行监控，一旦发现者找到食物，跟随者会立即跟随发现者去抢夺食物。发现者和跟随者的身份是可以互换的，并且两者在群体中的比例保持不变。侦察者负责对觅食区域周围进行监视，当觅食区域周围有捕食者出现时，侦察者会即刻预警，预警信号超过警戒值，整个种群会在发现者的带领下移动寻找下一个觅食地点。原始的麻雀搜索算法存在随着搜索空间维度增加收敛速度变慢等问题，因此提出改进的麻雀搜索算法（Improved Sparrow Search Algorithm，ISSA），主要从三个方面进行改进：一是利用改

进的 Circle 混沌映射初始化种群，增加种群的多样性；二是对步长因子进行动态调整，提高算法的求解精度；三是对侦察预警的麻雀位置更新公式引入 Levy 飞行策略，提高算法寻优能力和跳出局部极值的能力。具体的改进方法如下：

（1）原始麻雀搜索算法采用随机初始种群的方法，这种方法会使麻雀个体大量聚集在一起，分布不均匀，而混沌映射可以使种群的多样性得到提升，logistic 混沌映射、Cubic 混沌映射、Circle 混沌映射等都为目前比较常见的混沌映射。本书采用 Circle 混沌映射。Circle 混沌映射具有良好稳定性，但同时有混沌值分布不均匀的缺点，所以需要对 Circle 混沌映射进行改进。改进的 Circle 混沌映射公式为

$$x_{n+1} = \operatorname{mod}\left(2x_n + 0.2 - \frac{0.7}{2\pi}\cos(2\pi \cdot x_n + 0.5\pi), 1\right) \tag{5-49}$$

其中，n 为维数，由于本书中优化模型具有三个决策变量，因此取 n 为3。

（2）在原始麻雀搜索算法中，负责侦察的麻雀位置更新步长控制参数都是随机数，这可能会导致算法陷入局部最优，对步长控制参数和的改进公式如下：

$$\kappa = fitness_{\text{best}} - (fitness_{\text{best}} - fitness_{\text{worst}}) \cdot \left(\frac{V-v}{V}\right)^{1.5} \tag{5-50}$$

$$\vartheta = (fitness_{\text{best}} - fitness_{\text{worst}}) \cdot \exp\left(-20 \cdot \tan\left(\frac{v}{V}\right)^2\right) \cdot (2 \cdot rand - 1) \tag{5-51}$$

其中，$fitness_{\text{best}}$是最佳适应度值，$fitness_{\text{worst}}$是最差适应度值，V 为最大迭代次数。

从式（5-50）可知，改进后的 κ 呈非线性递增变化，在算法迭代早期阶段，将 κ 设置为较小的值，以加强局部开发能力，在迭代后期将 κ 设置为较大的值，避免陷入局部最优，有利于进一步探索。

从式（5-51）可知，步长因子 ϑ 在迭代前期递增，在迭代后期快速

减少，这有利于算法在前期充分探索搜索空间，后期提高收敛速度。通过这种改进可以使算法提高寻优精度的同时避免出现局部极值。

（3）Levy 飞行是一种非高斯随机步态，步长服从重尾概率分布，在寻找最优解过程中，Levy 飞行不仅可以在短距离中进行局部搜索，还可以在长距离中进行全局搜索。因此，在搜索到最优值附近时，Levy 飞行能起到增强局部搜索能力的作用，有效解决了原始麻雀搜索算法可能陷入局部最优的问题。改进后的加入者位置更新公式为

$$X_{i,j}(t+1)=\begin{cases}Levy(d)\cdot X_{\text{best}}(t)+\kappa\cdot\left|X_{i,j}(t)-Levy(d)\cdot X_{\text{best}}(t)\right|, f_i>f_g\\ X_{\text{best}}(t)+\vartheta\left(\dfrac{X_{i,j}(t)-X_{\text{worst}}(t)}{|f_i-f_w|+\mathrm{e}}\right), f_i=f_g\end{cases}\tag{5-52}$$

其中，d 为空间维度。Levy 计算公式如下：

$$Levy(d)=0.01\cdot\frac{r_1\cdot\partial}{|r_2|^{1/\kappa}}\tag{5-53}$$

$$\partial=\left\{\frac{\Gamma(1+\theta)\cdot\sin(\pi\theta/2)}{\Gamma[(1+\lambda)/2]\cdot\theta\cdot 2^{(\theta-1)/2}}\right\}^{1/\theta}\tag{5-54}$$

其中，$\Gamma(\cdot)$为 Gamma 函数，θ 为常数，r_1和 r_2为［0，1］的随机数。

为了验证改进的麻雀搜索算法的性能，选取遗传算法、粒子群优化算法和麻雀搜索算法与改进的麻雀搜索算法进行对比。每种算法的最大迭代次数均设置为1000，种群数量设置为30。通过表5－1中的4个测试函数验证改进的麻雀搜索算法的性能。4个测试函数包括一个多模态测试函数和三个固定维度多模态测试函数。

表5－1　测试函数

编号	测试函数	最优值	定义域	维度
1	$F_1(x)=\sum_{i=1}^{n}-x_i\sin(\sqrt{\lvert x_i\rvert})$	－12569.5	［－500，500］	30

续表

编号	测试函数	最优值	定义域	维度
2	$F_2(x) = -\sum_{i=1}^{5}[(x-a_i)(x-a_i)^{\mathrm{T}}+c_i]^{-1}$	-10.1532	[0, 10]	4
3	$F_3(x) = -\sum_{i=1}^{7}[(x-a_i)(x-a_i)^{\mathrm{T}}+c_i]^{-1}$	-10.4029	[0, 10]	4
4	$F_4(x) = -\sum_{i=1}^{10}[(x-a_i)(x-a_i)^{\mathrm{T}}+c_i]^{-1}$	-10.5364	[0, 10]	4

图 5－3 展示了四种算法在多模态测试函数中的表现。图 5－4～图 5－6 展示了四种算法在三个固定维度多模态测试函数中的表现。通过图 5－3 可以看出，ISSA 的收敛精度最高。通过图 5－4～图 5－6 可以看出，ISSA 最先收敛，并且寻优精度达到了最优值。这说明同其他算法相比，ISSA 不仅有良好的全局搜索能力而且不易陷入局部最优，平衡了全局探索能力与局部开发能力。

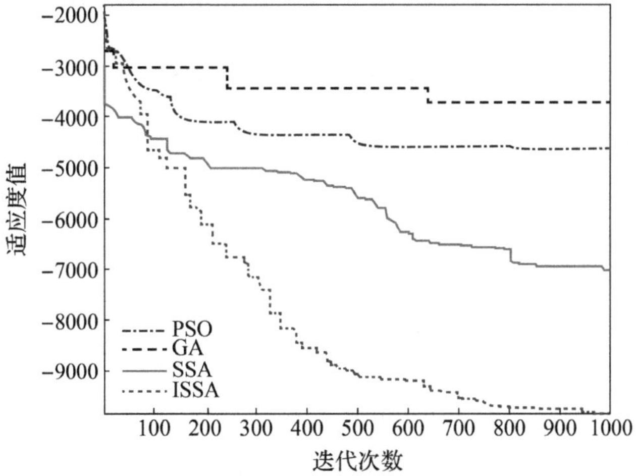

图 5－3　$F_1(x)$ 函数测试结果

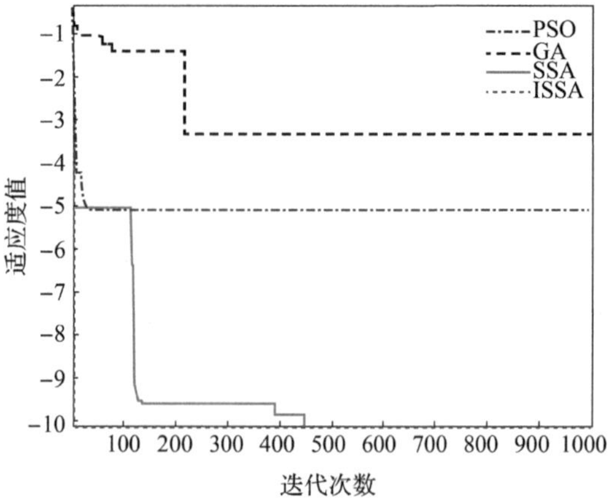

图 5-4　$F_2(x)$ 函数测试结果

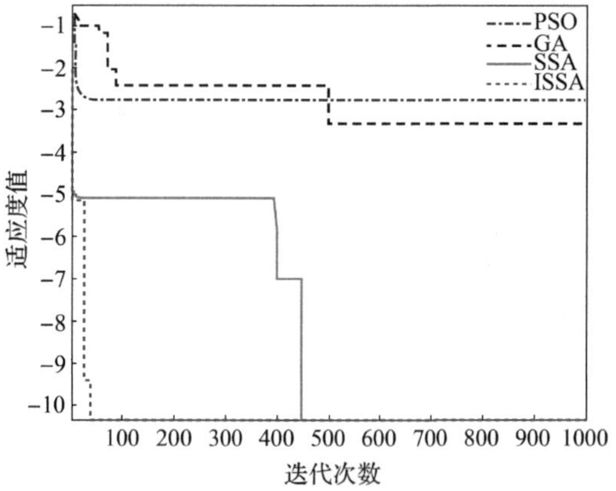

图 5-5　$F_3(x)$ 函数测试结果

将改进的麻雀搜索算法用于求解本书提出的保修决策优化模型，具体步骤如下。

步骤 1：输入 Gamma 退化过程参数、维护成本、维护时间、线性收益函数参数。设 $\boldsymbol{\Psi}(T_1, T, b_p)$ 为具有三个决策变量的向量。

步骤 2：采用改进的 Circle 混沌映射初始化麻雀种群，得到初始种群 Θ，$\Theta = \{1, 2, 3, \cdots, \xi\}$，$\xi$ 为种群规模。每只麻雀的位置向量为 $\boldsymbol{\eta}_{\boldsymbol{\Theta}} = \{\eta_\Theta^{T_1}, \eta_\Theta^{T}, \eta_\Theta^{b_p}\}$，其中 $\eta_\Theta^{T_1} \in (0, \widehat{T}_1)$，$\eta_\Theta^{T} \in (0, \widehat{T})$，$\eta_\Theta^{b_p} \in (0, b_f)$。$\widehat{T}_1$ 和 $\widehat{T}$ 分别代指首次检测间隔期和后续检测间隔期的上限。

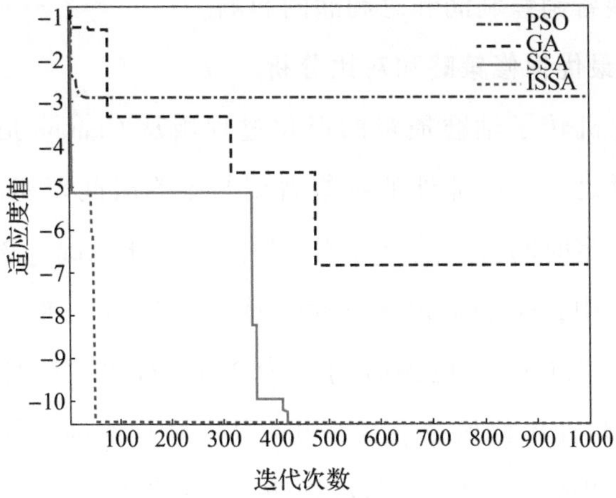

图 5-6　$F_4(x)$ 函数测试结果

步骤 3：v 代表当前迭代次数，计算当次迭代下麻雀种群的适应度函数值。

步骤 4：对比 $EP(\boldsymbol{\eta}_{\boldsymbol{\Theta}}(v))$ 和 $EP(\boldsymbol{\eta}_{\boldsymbol{\Theta}}^{\text{best}}(v))$ 的值，如果 $EP(\boldsymbol{\eta}_{\boldsymbol{\Theta}}(v)) > EP(\boldsymbol{\eta}_{\boldsymbol{\Theta}}^{\text{best}}(v))$，则 $EP(\boldsymbol{\eta}_{\boldsymbol{\Theta}}^{\text{best}}(v)) = EP(\boldsymbol{\eta}_{\boldsymbol{\Theta}}(v))$，$\Psi(T_1, T, b_p) = \boldsymbol{\eta}_{\boldsymbol{\Theta}}^{\text{best}}(v)$，$EP(\boldsymbol{\eta}_{\boldsymbol{\Theta}}^{\text{best}}(v))$ 代表历史迭代中的最优适应度函数值，$\boldsymbol{\eta}_{\boldsymbol{\Theta}}^{\text{best}}(v)$ 代表该最优值下麻雀的位置。

步骤 5：更新麻雀中发现者、跟随者和侦察者的位置。

步骤 6：判断是否达到最大迭代次数或停止迭代的条件，如果是，则进入步骤 7，否则，返回步骤 3。

步骤 7：输出 $\boldsymbol{\Psi}(T_1, T, b_p)$ 和 $EP(\boldsymbol{\eta}_{\boldsymbol{\Theta}}^{\text{best}})$。

5.1.5　实验验证与结果分析

下面首先以某大型汽轮机为案例演示所提出的保修决策优化模型的适用性，采用 ISSA 求得该型汽轮机初始保修期内最优视情维修方案。通过与保修成本最小化策略对比，体现本章所提出的保修策略的优势。其次进行全面的灵敏度分析，以研究各种参数变化对最优保修策略、装备销售价格、承制单位装备销售利润和总利润的影响。

5.1.5.1 最优保修策略和对比分析

某大型汽轮机转子轴磨损量的退化过程服从 Gamma 退化过程，作为装备的关键部件之一，该部件的维修费用与维修时间普遍高于其他部件，因此，需要在一定时间对其进行检测，检查其退化状况。该单元的绩效保修期 $W=60$。其中，Gamma 退化过程的形状参数 $\alpha=1.8$，尺度参数$\beta=1$，故障维修阈值 $L_f=50\text{mm}$。检测时间 T_i为 0.3，每次预防性维修平均时间 T_p为 3，完善预防性维修概率 p 为 0.9。每次修复性维修的平均时间 T_f取值为 8，单次检测成本 C_i为 3，每次预防性维修平均费用 C_p为 42，每次修复性维修费用 C_f为 200，固定收益为 2，奖励收益为 20，用户可接受的最小可用度为 0.6。在装备需求函数的参数中，$\zeta_1=9\times10^9$，$\zeta_2=0.5$，$\zeta_3=0.01$，$\chi_1=1.75$，$\chi_2=0.3$，$\chi_3=0.05$，$C_s=600$。改进麻雀搜索算法的参数设置如下：预警值为 0.6，发现者的比例为 0.7，侦察者比例为 0.2。迭代次数为 60，种群规模为 30。Levy 飞行规则中参数的值为 0.1。算法都在配备 AMD R－7（4800H）2.90GHz 八核处理器和 16.0GB RAM 的笔记本电脑上执行。

为了突出改进的麻雀搜索算法对于求解本书所提出的保修决策优化模型的优势，分别采用粒子群算法和改进的麻雀搜索算法对模型进行求解。粒子群算法的迭代次数为 60，种群规模为 30。

粒子群算法搜索到的最优方案为 $T_1=19.97$，$T=4.61$，$b_p=36.35$，此时承制单位保修利润为 4.605；改进的麻雀搜索算法搜索到的最优方案为 $T_1=20.16$，$T=4.21$，$b_p=37.39$，此时承制单位保修利润为 4.607；从承制单位绩效保修利润上看，改进的麻雀搜索算法相较于粒子群算法仅有微弱优势，但通过图 5－7 可以看出，改进的麻雀搜索算法比粒子群算法更早收敛，且改进的麻雀搜索算法的运算时间为 297s，而粒子群算法的运算时间为 556s，改进的麻雀搜索算法的运算速度比粒子群算法快 46.6% ，由此可见，运用改进的麻雀搜索算法求解本问题更有优势。

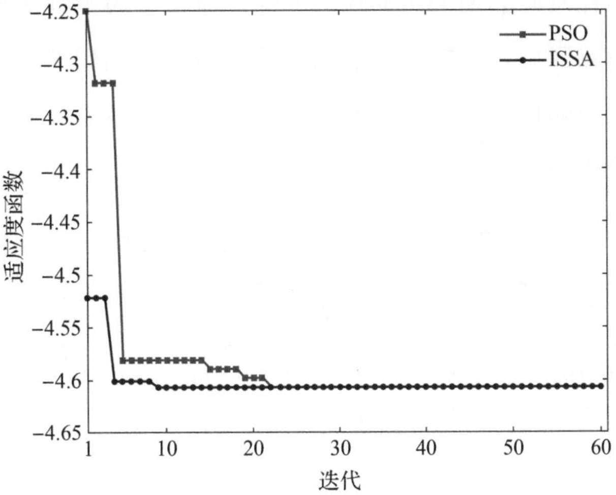

图 5 -7　算法迭代示意图

与改进的麻雀搜索算法搜索到的最优方案相对应，保修期内部件的可用度为 0.84，保修成本为 2.23。此时最优装备价格 S_p^* 为 1405.2，装备需求 Q 为 46544，承制单位总利润 L_s 为 3.76×10^7。以上信息对承制单位制定科学的保修策略、估计未来的保修成本和利润很有价值。下面提出两种策略与本书提出的保修策略进行对比。

策略 1：为基于保修成本最小化的视情维修策略，该策略优化模型如下：

$$\min EC(T_1, T, b_p)$$

$$(T_1^*, T^*, b_p^*) = \arg\min\{EC(T_1, T, b_p)\}$$

$$\text{s.t.}\begin{cases}0 < T < T_1 < T_{\max}\\0 < b_p < b_f\end{cases}$$

与本章提出的保修策略相比，基于保修成本最小化的视情维修策略仅在决策目标上有所不同。

策略 2：不区分首次检测间隔期与后续检测间隔期。本书建立的模型考虑了首次检测间隔期与后续检测间隔期不同的情况，这种区分首次检测间隔期与后续检测间隔期的定期检测方式目前已应用于许多机械系统的检测中。为了研究区分首次检测间隔期与后续检测间隔期的必要性，提出不区分首次检测间隔期与后续检测间隔期的策略，也即 $T_1 = T$。表 5 – 2 展示了不同保修策略的结果。

表 5 – 2　不同保修策略的最优结果

	T_1	T	b_p	EP	Q	S_p^*	L_s	EC
本章策略	20.16	4.21	37.39	4.607	46544	1405.2	3.760×10^7	2.23
策略 1	19.36	3.63	37.88	4.57	46546	1405.2	3.758×10^7	2.21
策略 2	11.13	11.13	26.76	3.9	46505	1406	3.754 × 107	2.56

通过表 5 – 2 可以看出，本章提出的保修策略在三种保修策略中表现最佳。不区分首次检测间隔期与后续检测间隔期（策略 2）的策略在三种保修策略中表现最差，这主要是因为部件在运行初期发生故障的概率较低，此时可适当延长首检时间，而后由于部件退化量越来越大，需要较为频繁地检测以及时发现故障。因此区分首次检测间隔期和后续检测间隔期更符合单元的退化规律，不区分首次检测间隔期和后续检测间隔期实际上会在部件运行初期因检测过度造成检测成本浪费，后期又检测不足导致故障频发，最终导致保修成本的增加和保修利润的降低，保修成本的增加导致装备价格增长，造成装备需求下降，承制单位的总利润被压缩，因此，区分首次检测间隔期和后续检测间隔期很有必要。

与绩效保修策略相比，基于成本最小化的视情维修策略表现不佳，从决策结果可以找出这一现象出现的原因。通过表 5 – 2 可以看出，在基于成本最小化的视情维修策略（策略 1）下，承制单位为了降低保修成本不得不进行更为频繁的故障检测，这虽然能够尽可能避免故障后维修，但检测停机降低了部件的可用度，这导致承制单位的保修收益减少，承制单位的利润减少。同时，基于成本最小化的视情维修策略下的预防性维修阈值设定得比绩效保修策略时的更高，这不利于刺激市场需求，从承制单位总利润上看，策略 1 的表现比本章提出的保修策略差。这也说明在保修活动中，承制单位通过片面地压缩保修成本的方式拓展利润空间的方式并不妥，在特定条件下甚至会起到反作用。

5.1.5.2　灵敏度分析

Gamma 过程的形状参数控制了跳跃点到达的频率，尺度参数控制了跳跃的跃度。形状参数越大，跳跃点到达的频率越快，这意味着单元退化速率越快，即形状参数越大，部件的退化速率越快；尺度参数越大，Gamma 过程跳跃的跃度越小，这意味着退化速率越慢，即尺度参数越大，单元的退化速率越慢。研究 Gamma 退化过程参数对最优保修方案的影响，形状参数以 0.1 的步长由 1.7 上升到 1.9，尺度参数以 0.1 的步长由 0.8 上升到 1.2。每一组形状参数和尺度参数的组合下最优的保修方案如表 5－3 所示，对应的保修利润、承制单位总利润和保修成本如图 5－8 所示。

表 5－3　Gamma 退化过程参数对最优保修策略的影响

$\alpha=1.7$	绩效保修			策略 1			策略 2		
β	T_1	T	b_p	T_1	T	b_p	T_1	T	b_p
0.8	10.00	12.54	29.87	14.74	4.99	38.63	11.12	11.12	31.44
0.9	18.35	5.03	37.87	17.61	4.38	38.36	11.62	11.62	28.86
1	21.35	4.46	37.40	20.49	3.85	37.88	11.78	11.78	26.76
1.1	24.25	4.10	36.45	23.32	3.53	36.95	11.61	11.61	25.27
1.2	27.36	1.50	12.29	26.11	3.35	35.66	9.70	9.70	26.78

续表

$\alpha=1.8$	绩效保修			策略 1			策略 2		
β	T_1	T	b_p	T_1	T	b_p	T_1	T	b_p
0.8	10.00	11.21	30.62	13.92	4.72	38.63	10.50	10.50	31.44
0.9	17.33	4.75	37.86	16.63	4.13	38.36	10.98	10.98	28.86
1	20.16	4.21	37.39	19.36	3.63	37.88	11.13	11.13	26.76
1.1	22.91	3.88	36.45	22.04	3.32	36.99	10.96	10.96	25.27
1.2	25.84	1.50	13.13	25.05	1.50	18.33	6.52	6.52	31.40
$\alpha=1.9$	绩效保修			策略 1			策略 2		
β	T_1	T	b_p	T_1	T	b_p	T_1	T	b_p
0.8	13.62	5.37	37.68	13.19	4.47	38.63	9.95	9.95	31.44
0.9	16.41	4.50	37.87	15.76	3.91	38.37	10.40	10.40	28.86
1	19.11	3.99	37.40	18.34	3.44	37.88	10.54	10.54	26.76
1.1	22.27	1.50	17.16	20.88	3.14	36.99	10.38	10.38	25.27
1.2	24.48	1.50	10.32	23.73	1.50	10.18	6.18	6.18	31.40

可以看出，无论 Gamma 退化过程参数如何变化，本书提出的保修策略在三种策略中均表现最佳。这表明本章提出的保修策略对于具有不同退化速率的 Gamma 退化系统均有较强的适应性。伴随着 Gamma 退化过程参数的变化，三种保修策略均表现出同样的规律：形状参数不变，尺度参数越大，承制单位绩效保修利润和总利润越高；尺度参数不变，形状参数越大，承制单位保修利润和总利润越低。这主要是因为，形状参数不变，尺度参数越大，系统的退化速率越低，则在保修期内系统发生故障的概率降低，承制单位保修利润和总利润会相应增加；尺度参数不变，形状参数越大，系统的退化速率提高，则在保修期内系统发生故障的概率增加，承制单位保修利润和总利润会相应减少。同时可以发现，保修利润和承制单位

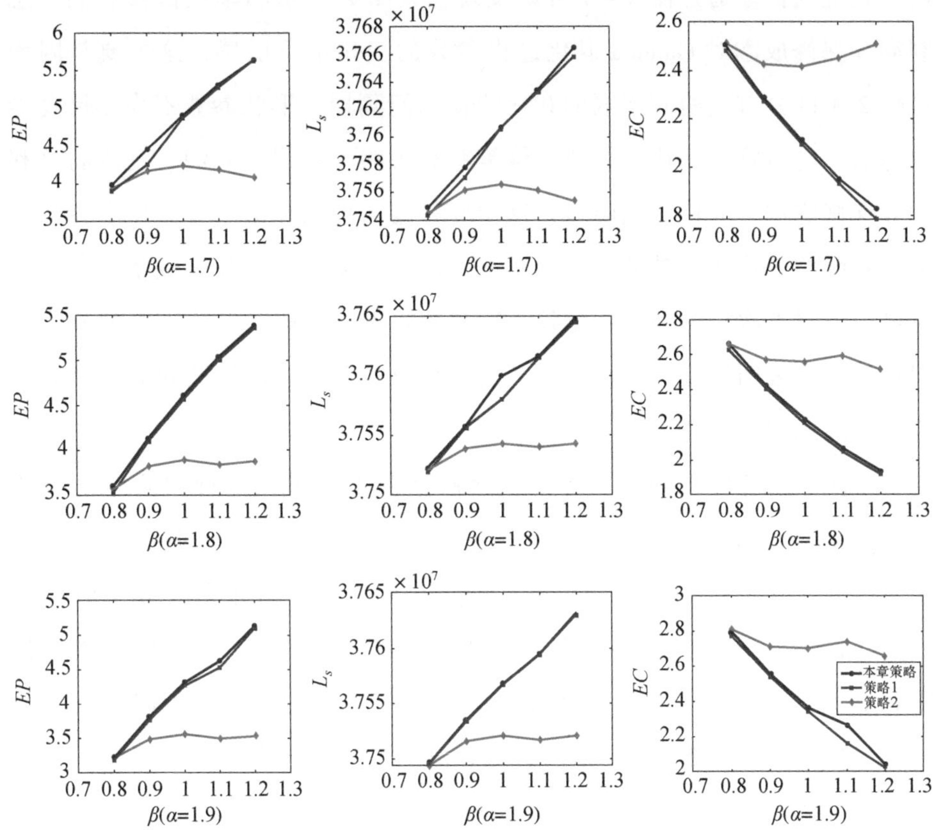

图 5-8　Gamma 退化过程参数对最优结果的影响

总利润同向变化，二者具有较强的相关性，这充分说明保修策略对于承制单位总利润的增长具有积极作用，因此承制单位与军方应重视保修策略的制定，通过优化保修策略扩大总利润空间。通过表 5-3 可以看出，在本章提出的保修策略下，预防性维修阈值 b_p 随 Gamma 退化过程参数变化最大，而策略 1 和策略 2 下预防性维修阈值 b_p 随 Gamma 退化过程参数变化非常微弱，结合本章提出的保修策略在三种策略中均表现最佳的结论，可知对于具有不同退化速率的 Gamma 退化系统，及时调整预防性维修阈值对于提高承制单位保修利润和总利润具有非常关键的作用。具体的调整方法是：系统退化速率升高，预防性维修阈值相应变高，反之，预防性维修阈值相应变低。通过图 5－8 可以发现，策略 2 下承制单位保修利润、总利润和保修成本对 Gamma 退化过程参数的变化最不敏感，这主要是因为策略 2 不区分首次检测间隔期和后续检测间隔期。形状参数不变，尺度参数越大，与策略 2 相比，绩效保修策略和策略 1 在保修利润、制造商总利润和保修成本上的优势越明显，这主要是因为形状参数不变，尺度参数越大，系统的退化速率越低，表明系统在运行初期发生故障的概率较低，此时可适当将首次检测间隔期延长，这与绩效保修策略和策略 1 下的最优方案相符。这表明根据系统退化速率的变化及时调整首次检测间隔期和后续检测间隔期很有必要。

完善的预防性维修概率表征了保修期内承制单位进行预防性维修的技术和水平，完善的预防性维修概率越高表明承制单位更有可能将系统修复如新，也即承制单位拥有更高的预防性维修技术水平。为了研究完善预防性维修概率对最优保修方案及最优结果的影响，p 以 0.1 的步长由 0.6 上升到 0.9，其余参数与 5.1.5.1 节中设置一致。不同 p 值下最优的保修方案如表 5－4 所示，每一 p 值下最优保修方案的保修利润、承制单位总利润和保修成本如图 5－9 所示。可以看出，无论完善的预防性维修概率如何变化，本章提出的保修策略依然在三种策略中表现最佳。

表 5－4　完善的预防性维修概率对最优保修策略的影响

p	本章策略			策略 1			策略 2		
	T_1	T	b_p	T_1	T	b_p	T_1	T	b_p
0.6	36.2	5.10	40.35	30.25	5.01	39.06	20.3215	17.321	35.23
0.7	34.3	4.62	39.16	27.46	4.7173	39.6287	16.2356	15.136	34.01
0.8	25.6	4.48	38.52	25.69	4.1319	38.5607	13.254	12.349	33.15
0.9	20.16	4.21	37.39	19.36	3.63	37.88	11.1284	11.1284	26.7641

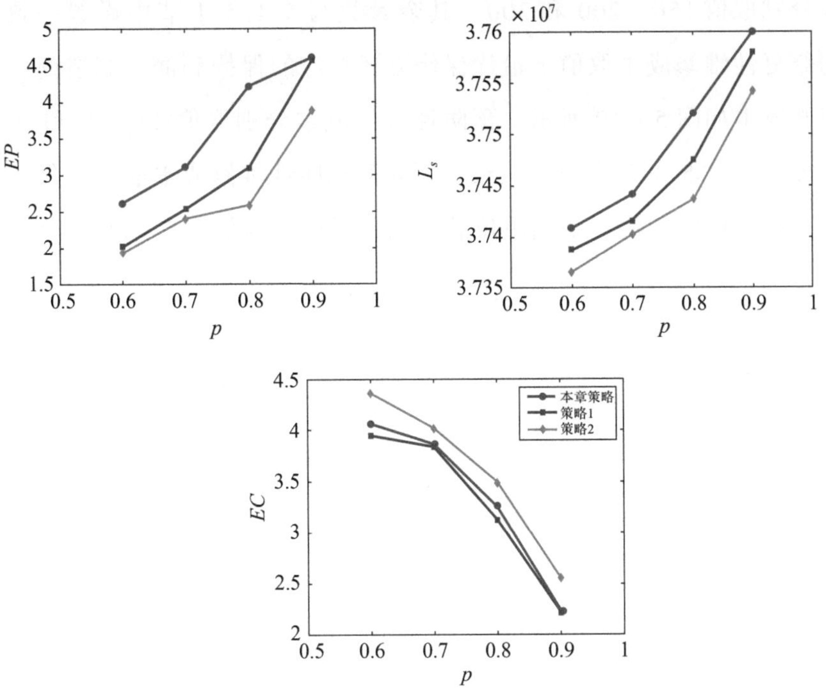

图 5－9　完善的预防性维修概率对最优结果的影响

通过表 5－4 可以看出，当完善的预防性维修概率较低时，承制单位的最优保修方案倾向于将首次检测间隔期延长，同时将预防性维修阈值调高，这主要是因为当完善的预防性维修概率较低时，开展过多的预防性维修活动反而会增加停机时间和检测费用，会造成保修成本上升同时利润空间被压缩，因此不得不通过延长首次检测间隔和调高预防性维修阈值的方式减少保修期内预防性维修次数。

通过图 5－9 可以看出，随着完善的预防性维修概率提高，制造商保修利润和总利润均会增加，同时保修成本降低，这提示制造商应注重预防性维修技术创新，提升预防性维修水平以获取更高的利润。

维修成本包括预防性维修成本和修复性维修成本，是承制单位保修成本的主体部分，因此维修成本的高低直接影响承制单位保修成本、保修利润和总利润。为了研究维修成本参数对最优保修方案的影响，修复性维修成本分别取值 150，200 和 300，其余参数与 5.1.5.1 节中设置一致。不同的修复性维修成本取值下最优保修方案对应的保修利润、制造商总利润和保修成本如图 5-10 所示。预防性维修成本分别取值 25，42 和 50，其余参数与 5.1.5.1 节中设置一致。不同的预防性维修成本取值下最优保修方案对应的保修利润、承制单位总利润和保修成本如图 5-11 所示。

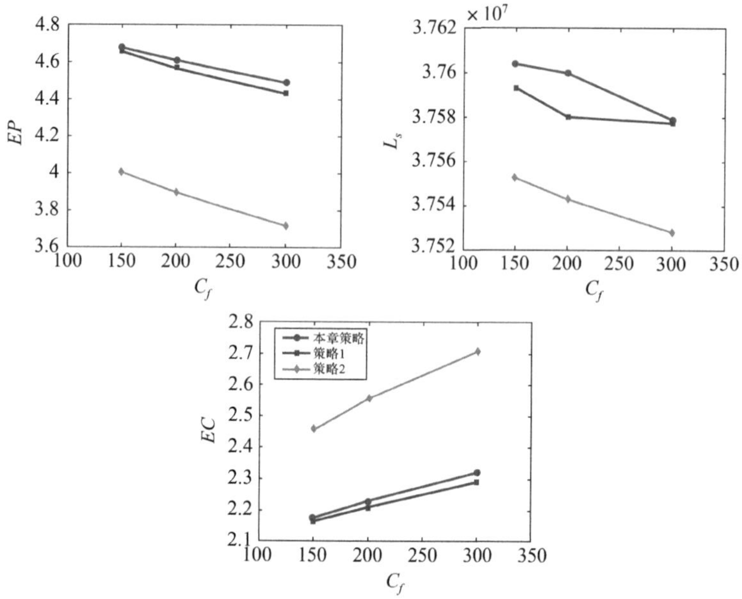

图 5-10　修复性维修成本对最优结果的影响

通过图 5-10 和图 5-11 可以看出，无论维修成本参数如何变化，本章提出的保修策略依然在三种策略中表现最佳。同时可以看出，相较于修复性维修成本，预防性维修成本的变化对保修利润、承制单位总利润和保修成本的影响更大，以本章提出的保修策略为例，当修复性维修成本从 300 降低到 150，降低 50% 时，保修利润增加 4.15%，承制单位总利润增加 0.07%，保修成本降低 6.3%；当预防性维修成本从 50 降低到 25，降低 50% 时，保修利润增加 24.4%，承制单位总利润增加 0.3%，保修成本降低 41.3%。因此，建议承制单位更多地关注通过创新预防性维修技术的方式提高预防性维修水平，同时降低预防性维修成本，以获得更大的利润空间。

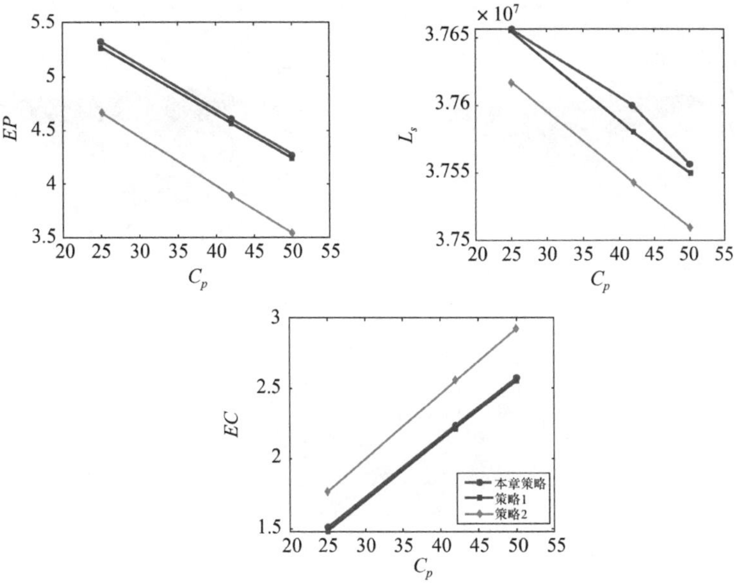

图 5－11　预防性维修成本对最优结果的影响

本书所建立的优化模型中，决策变量共有三个，分别是首次检测间隔期 T_1、后续检测间隔期 T 和预防性维修阈值 b_p。为了研究决策变量的变化对保修利润、承制单位总利润和保修成本的影响，进行决策变量的灵敏度分析。首先研究首次检测间隔期对最优保修方案的影响，首次检测间隔期分别取值 10，20，30，后续检测间隔期的取值范围为［1，5］，步长为 1，预防性维修阈值的取值范围为［30，45］，步长为 1，其余参数与 5.1.5.1 节中设置一致。不同的首次检测间隔期取值下保修利润、承制单位总利润和保修成本随后续检测间隔期和预防性维修阈值的变化趋势如图 5－12 所示。通过图 5－12 可以看出，首次检测间隔取值为 20 时，承制单位的保修利润、总利润最大，保修成本最低，这表明，首次检测间隔期设置得过小或过大均不利于承制单位提高利润和降低成本。同时发现，当首次检测间隔取值为 30 时，保修利润、承制单位总利润和保修成本随后续检测间隔期和预防性维修阈值的变化曲面最为平坦。这表明，首次检测间隔期设置得过高时，后续检测间隔期和预防性维修阈值对保修利润、承制单位总利润和保修成本影响较为微弱。

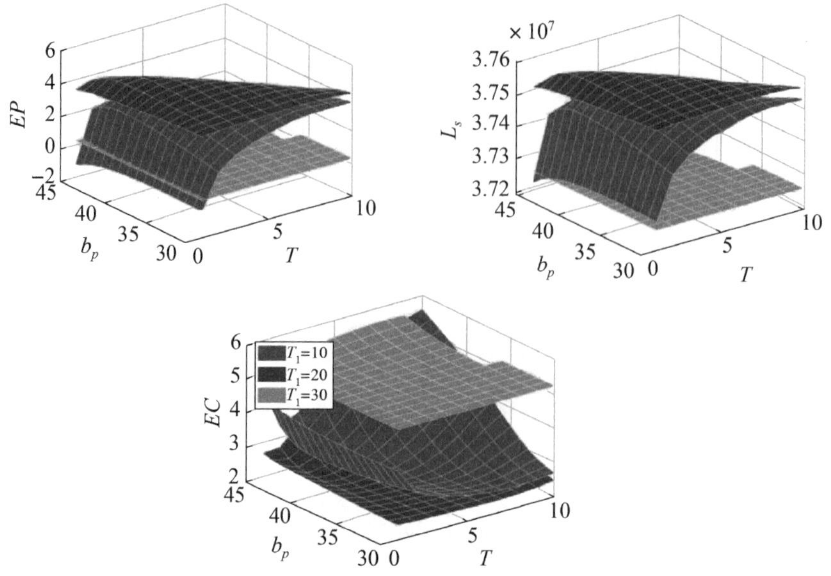

图 5-12　首次检测间隔期对最优结果的影响

接下来研究预防性维修阈值对最优保修方案的影响，预防性维修阈值分别取值 20，30，40，首次检测间隔期的取值范围为［10，30］，步长为 1，后续检测间隔期的取值范围为［1，10］，步长为 1，其余参数与 5.1.5.1 节中设置一致。不同的预防性维修阈值取值下保修利润、承制单位总利润和保修成本随首次检测间隔期和后续检测间隔期的变化趋势如图 5-13 所示。通过图 5-13 可以看出，当首次检测间隔取值大于 20 时，承制单位的绩效保修利润、总利润和保修成本随预防性维修阈值和后续检测间隔期的变化较为微弱，这与决策变量灵敏度分析的结论一致。当首次检测间隔取值小于 20 时，后续检测间隔期和预防性维修阈值对保修利润、承制单位总利润和保修成本的影响较大，具体来看，后续检测间隔期设定得较小时，较高的预防性维修阈值有利于提高利润并降低成本，后续检测间隔期设定得较大时，适中的预防性维修阈值有利于提高利润并降低成本。从整体上看，无论预防性维修阈值取何值，过低或过高的首次检测间隔期和后续检测间隔期均不利于提高利润并降低成本，这提示承制单位应避免根据经验确定首次检测间隔期和后续检测间隔期，通过定量化分析确定科学合理的检测间隔期尤为重要。

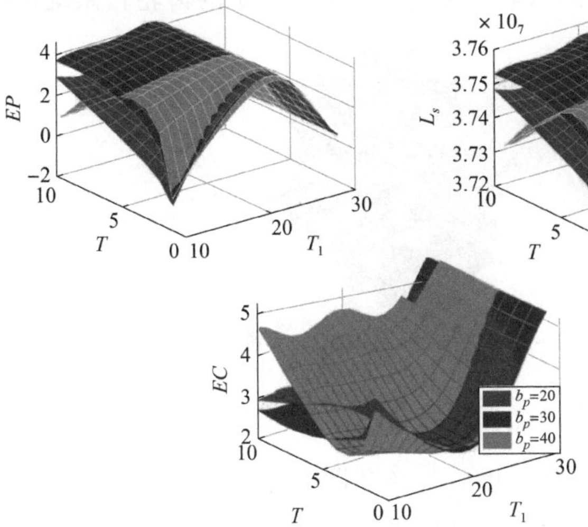

图 5-13　预防性维修阈值对最优结果的影响

5.2　延伸保修期内的视情维修决策

本节将开展延伸保修期内视情维修策略研究，研究对象为结构相关多部件系统，构建多部件系统延伸保修价格决策模型，并进行示例分析和优化求解，得到不同延伸保修期下的最优延伸保修价格决策方案。

5.2.1　多部件系统拆卸操作分析

拆卸操作是将需要维修的部件从系统中分离出来的过程。部件之间通过一定的连接在结构上形成一个整体，分离故障部件就是通过拆卸操作打破部件之间连接的过程。在拆卸过程中，部件的退化状态将会受到一定的影响。为了清晰地表明部件间的连接关系，利用连接矩阵来表示系统的结构。系统的

连接矩阵 $\boldsymbol{M}_s=[e_{ij}]_{n\times n}$，是一个 n 乘 n 阶方阵。e_{ij}表示部件 i 与部件 j 是否存在结构上的连接。当 e_{ij}的值为 1 时，连接存在；值为 0 时，则表示两部件之间不存在连接。同时，用有向图来表示当维修一个给定的部件时，其他需要被拆卸部件的拆卸顺序。图 5-14 为某型装备传动系统的齿轮箱系统简图。

图 5-14　齿轮箱系统结构示意图

许多学者研究了寻找最优拆卸路径的方法。假设每个部件的拆卸路径都是基于设计阶段提前定义好的，那么在图 5-14 中，根据该齿轮箱系统的实际情况，可以得到齿轮箱系统的有向图，如图 5-15 所示。

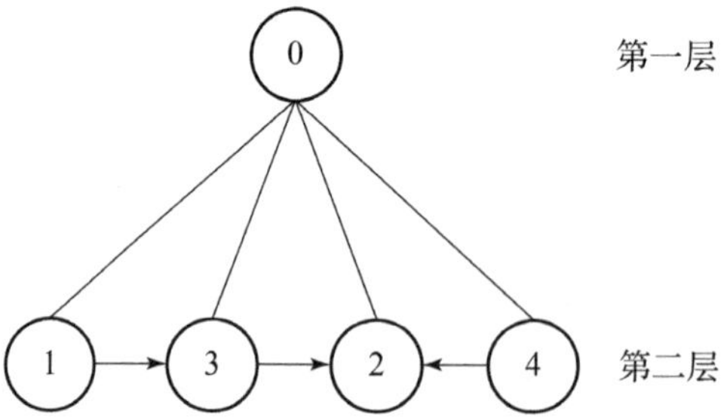

图 5-15　齿轮箱系统有向图

根据连接矩阵的定义，通过分析齿轮箱系统的结构示意图，可得连接矩阵如下：

$$\boldsymbol{M}_s=\begin{pmatrix}0&1&0&0\\1&0&1&1\\0&1&0&0\\0&1&0&0\end{pmatrix} \tag{5-55}$$

其中，节点 0 代表整个齿轮箱系统，另外四个节点 1、2、3、4 分别代表组成齿轮箱系统的各单部件。连接上下层节点的线表示拆卸下层节点需要先把上层节点拆掉。同层节点之间的箭头是指节点之间的拆卸顺序。我们假设，在拆卸部件 i 与部件 j 之间的连接（i, j）时会对部件 i 的退化水平造成一定数量的损伤 ζ_{ij}，同理，ζ_{ji}表示拆卸操作对部件 j 造成的损伤。ζ_{ij}用于拆卸影响建模，主要受以下几个因素的影响：

（1）部件之间连接的强度 $\boldsymbol{M}_s^{\Theta}=[\psi_{ij}]_{n\times n}$，$\psi_{ij}\geqslant 0$，表示部件 i 与部件 j 之间连接的强度大小。连接的强度越大，拆卸操作对部件的退化水平影响就越大。M_s^{Θ} 的大小是确定的，可在系统的设计阶段获得。如图 5 - 14 所示，根据轴承与轴之间的间隙，可以计算出轴承与轴之间的摩擦力，用来表示两部件之间的连接强度，则有

$$\boldsymbol{M}_s^{\Theta}=\begin{pmatrix}0 & 5 & 0 & 0\\ 5 & 0 & 2 & 5\\ 0 & 2 & 0 & 0\\ 0 & 5 & 0 & 0\end{pmatrix} \tag{5-56}$$

（2）部件自身的物理属性 p_i（$p_i\geqslant 0$）。例如，由高强度的材料制成的部件比低强度材料制成的部件更不易受拆卸操作的影响。部件物理属性可根据历史数据、寿命测试等估算得出。

（3）维修人员的技术能力和维修工具。例如，使用机械过程拆卸轴承比液压过程对轴承损坏程度更大；另外，维修人员的技术能力也会影响拆卸操作对部件的损伤程度。因此，综合上述两个因素，本章用调整系数 ϕ_{ij}来反映拆卸连接（i, j）时维修人员的技术能力和使用的维修工具的影响。调整系数 ϕ_{ij}可用于衡量拆卸操作的质量，要想精确地估计 ϕ_{ij}是非常困难的。因此，假设 ϕ_{ij}是服从某正态分布的随机变量，$\mu_{\phi_{ij}}$和 $\sigma_{\phi_{ij}}$为正态分布的均值和标准差，分别表示维修工具的影响和维修人员的技术能力。则该正态分布的概率密度函数为

$$f_{\mu_{\phi_{ij}},\sigma_{\phi_{ij}}}(x)=\frac{1}{\sqrt{2\pi}\sigma_{\phi_{ij}}}\mathrm{e}^{-\frac{1}{2}\left(\frac{x-\mu_{\phi_{ij}}}{\sigma_{\phi_{ij}}}\right)^2} \tag{5-57}$$

综上所述，参考 Thompson 计算由于摩擦而产生的磨损量时所构造的线性模型，因为物理意义相似，本章构造一个关于 ψ_{ij}、p_i、ϕ_{ij}的线性形式来表述拆卸操作的影响，该线性形式可写为

$$\zeta_{ij}=\psi_{ij}\cdot p_i\cdot\phi_{ij} \tag{5-58}$$

由此可知，ζ_{ij}也服从均值 $\mu_{\zeta_{ij}}=\psi_{ij}\cdot p_i\cdot\mu_{\phi_{ij}}$、方差 $\sigma^2_{\zeta_{ij}}=(p_i\psi_{ij})^2\sigma^2_{\phi_{ij}}$的正态分布，则有

$$f_{\mu_{\zeta_{ij}},\sigma_{\zeta_{ij}}}(x)=\frac{1}{\sqrt{2\pi}\sigma_{\zeta_{ij}}}\mathrm{e}^{-\frac{1}{2}\left(\frac{x-\mu_{\zeta_{ij}}}{\sigma_{\zeta_{ij}}}\right)^2} \tag{5-59}$$

在将需要维修的部件拆离系统的过程中，由于结构相关性影响，处于故障或待维修部件拆卸路径上的其他部件之间的连接也要一并拆除。部件的拆卸路径用拆卸矩阵表示，且假设是已经确定的。设部件 r 的拆卸路径用拆卸矩阵 $\boldsymbol{D}^r=[D^r_{ij}]$表示，当部件 i 与部件 j 之间的连接（i，j）在部件 r 的拆卸路径上，则 $D^r_{ij}=1$；否则，$D^r_{ij}=0$。例如，在图 5－15 中，部件 3 的拆卸矩阵为

$$\boldsymbol{D}^3=\begin{pmatrix}0&1&0&0\\1&0&1&0\\0&1&0&0\\0&0&0&0\end{pmatrix} \tag{5-60}$$

所以，对部件 r 进行拆卸操作时给部件 i 的退化水平带来的影响可表示为

$$L_{ir}=\sum_{j=1}^{n}\zeta_{ij}D^r_{ij} \tag{5-61}$$

在对一组部件 $Q^h((Q^h\neq\varnothing)\cap(i\notin Q^h))$进行维修或更换时，$h$ 表示对 Q^h 进行的第 h 次维修，并且不同部件的拆卸路径之间可能存在交叉。则对一组部件 Q^h 进行拆卸时的拆卸路径可定义为 $D^{Q^h}=D^j\cup D^k\cup\cdots\cup D^v,j,$

$k,\cdots,v\in Q^h$。因此，可以得出拆卸一组部件 Q^h 时给部件 i 的退化水平带来的影响为

$$L_{iQ^h} = \sum_{j=1}^{n} \zeta_{ij} D_{ij}^{Q^h} \tag{5-62}$$

综合以上分析，假设某三部件系统结构有向图如图 5－16 所示，维修活动为完全维修（更换），能使部件恢复如新。图 5－17 则阐明了系统在延伸保修期内由于部件之间的结构相关性所呈现的退化规律。

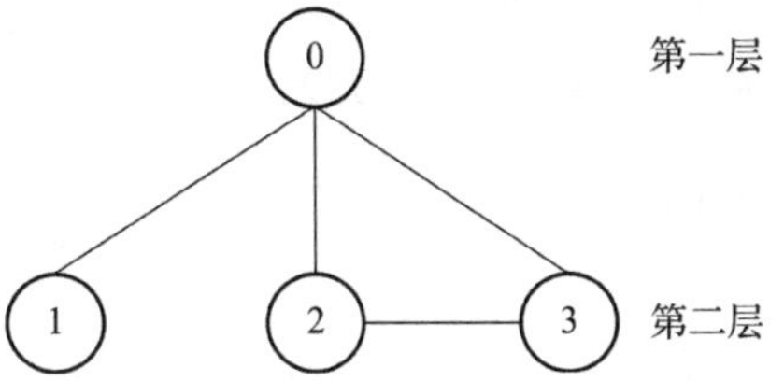

图 5－16　三部件系统有向图

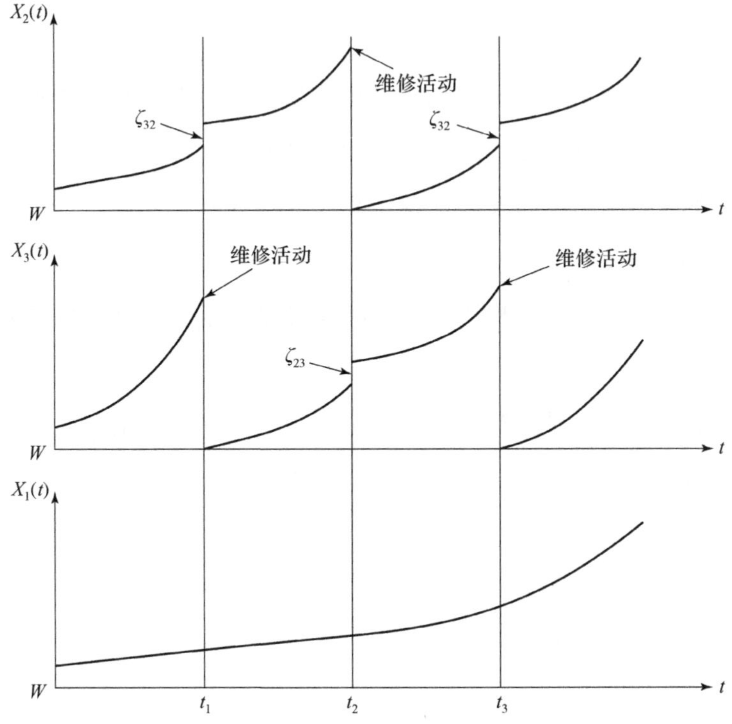

图 5－17　考虑拆卸操作影响的部件退化函数变化图

5.2.2 系统描述、模型假设与符号

在延伸保修方式下，考虑一个结构相关多部件系统，初始保修期和延伸保修期分别为［0，W］和［W，W_e］，初始保修和延伸保修分别开始于 $t=0$ 和 $t=W$。在可靠性和维修决策框架内，假设多部件系统由 $n(n\geqslant1)$ 个部件串联而成。因此，无论出于何种原因（例如故障或维修活动），每个部件的停机都会导致整个系统的停机。

为便于研究，系统建模基于以下假设：

（1）在初始保修期内，由于系统的故障率较低，则只实行故障后最小维修策略；

（2）最小维修不需要拆卸操作，只有完全维修（部件更换）才会导致拆卸操作的发生，因此在初始保修期内可以忽略系统的结构相关性影响；

（3）最小维修不会改变系统的退化状态和故障率，相对于初始保修期和延伸保修期的时间跨度，最小维修时间很短，可以忽略不计；

（4）在延伸保修期间预防性维修和修复性维修是完全维修，更换部件后将恢复到新品状态；

（5）定期检测为完美检测，检查时间可以忽略，并且部件故障会被及时发现；

（6）系统参数不受拆卸操作的影响，在本书中看作定值。

符号说明如下：

W：初始保修截止期；

W_e：延伸保修截止期；

$R_i(t)$：部件 i 的可靠度函数；

$\lambda_i(t,X_i(t))$：部件 i 的故障率函数；

ρ：系统定期检测间隔期；

v_e：延伸保修期内系统的定期检测次数；

R_p：系统预防性维修阈值；

R_f：系统故障维修阈值；

R_b：系统机会维修阈值；

n：组成串联多部件系统的部件个数。

5.2.3　模型建立

5.2.3.1　系统故障率模型

系统中部件之间所形成的层次结构可以用有向图来表示。并且，部件 $i(i=1,2,3,\cdots,n)$ 的故障率函数可以用威布尔比例风险模型描述：

$$\lambda_i(t,X_i(t)) = \lambda_i^0(t)\varphi(X_i(t)) \tag{5-63}$$

其中，$\lambda_i^0(t)=\alpha_i t^{\alpha_i-1}/\beta_i^{\alpha_i}$ 是威布尔风险率函数，α_i 和 β_i 分别为形状参数和尺度参数；$\varphi(X_i(t))=\tau_i X_i(t)$，$X_i(t)$ 为部件 i 的退化函数，τ_i 为回归系数，用于量化退化对部件故障率的影响。此外，通常假设 $X_i(t)$ 遵循一定的线性关系，即 $X_i(t)=\varepsilon_i+\gamma_i t+\kappa_i B(t)$。$X_i(t)$ 是由 $B(t)$ 驱动的退化过程，ε_i，γ_i 和 κ_i 分别为部件 i 的初始退化量、退化速率和扩散系数。$B(t)$ 表示标准布朗运动，且满足 $B(t)\sim N(0,t)$。威布尔比例风险模型已经得到了广泛研究并已成功应用到实际工程系统中。上述参数是已知的或基于历史数据估计得到的，用来对拆卸操作影响和维修策略进行建模。

可靠性是指产品在规定条件下和规定时间内完成规定功能的能力，这种能力以概率表示，也称为可靠度。部件 i 的可靠度表示在 t 时刻其仍处于工作状态的概率，可推导如下：

$$R_i(t) = \exp\left[-\int_0^t \lambda_i(x,X_i(x))\,\mathrm{d}x\right] \tag{5-64}$$

对于串联多部件系统来说，系统在 t 时的可靠度为

$$R_s(t) = \prod_{i=1}^{n} R_i(t) \tag{5-65}$$

5.2.3.2 视情维修策略

考虑到系统中各部件之间的结构相关性，采用视情维修策略去优化系统延伸保修成本，从而降低系统延伸保修价格。在延伸保修期内，对系统内各部件进行间隔期为 ρ 的定期检测，部件第 v 次检测的时刻为 $T_v = v\rho$，$v=1，2，3，\cdots$。每次检测时需要对处于运行状态的部件退化水平进行评估与计算，部件 i 单次检测成本为 C_{is}，具体维修策略分两种情况讨论。

（1）若部件 i 在检测间隔期（T_{v-1}，T_v）内发生故障，即部件 i 的可靠度 $R_i(t)$ 小于其故障阈值 R_f，则在时刻 T_v 对部件 i 进行故障更换；

（2）若部件 i 在检测时刻 T_v 仍处于运行状态，则需根据对部件可靠度的预测做进一步决策：

如果部件 i 在下一检测时刻 T_{v+1} 的可靠度 $R_i(T_{v+1}|T_v)$ 低于其预防性维修阈值 R_p，则在时刻 T_v 对部件 i 进行预防性更换；

如果在时刻 T_v 对一组部件 Q^h 进行故障更换或预防性更换，且部件 $i(i \notin Q^h)$ 在下一检测时刻 T_{v+1} 的可靠度 $R_i(T_{v+1}|T_v)$ 低于其机会维修阈值 $R_b(R_p \leqslant R_b < 1)$，则对部件 i 进行机会预防性更换。

本章提出的视情维修策略如图 5-18 所示。

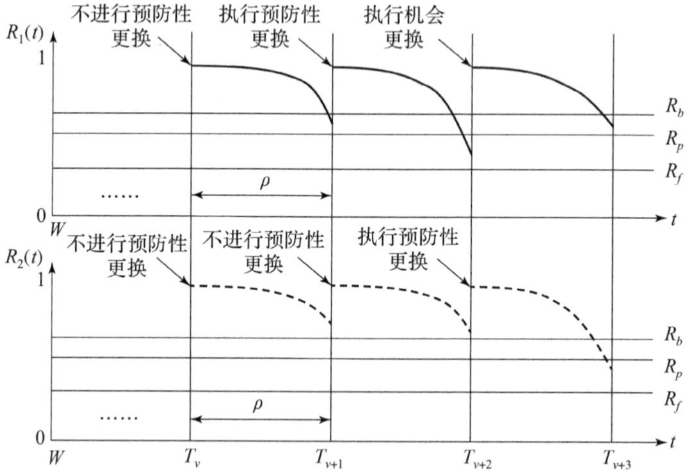

图 5-18 视情维修策略示意图

最小维修的特性是一个非齐次泊松过程（NHPP），在一段时间［0，t］内，系统的故障次数为

$$E[N(t)] = \int_0^t \lambda(s)\,ds \tag{5-66}$$

5.2.3.3　考虑拆卸操作影响的系统故障率建模

对于系统内的每一个部件来说，退化函数由两部分组成，包括自身随时间的持续退化和受拆卸操作影响所造成的退化。

根据检测间隔期，部件 i 在延伸保修期内的定期检测次数为

$$v_e = \mathrm{int}\left[\frac{W_e - W}{\rho}\right] \tag{5-67}$$

其中，“int[*]”表示对“ * ”向下取整。

在系统延伸保修期内，部件 i 的退化函数可表示为

$$X_{Li}(t) = \begin{cases} X_i(t) + \sum_{h=0}^{EN(t-W)} L_{iQ^h}, t \in [W, t_f] \\ X_i(t) + \sum_{h=0}^{EN(t)} L_{iQ^h}, t \in [0, v_d\rho] \\ X_i(t) + \sum_{h=0}^{EN(t)} L_{iQ^h}, t \in [0, v_c\rho + W_e - v_e\rho] \end{cases} \tag{5-68}$$

其中，$EN(t)$表示在时间［0，t］内对一组部件 Q^h 进行维修的平均次数；t_f 为部件 i 在延伸保修期内第一次更换的时刻，$t_f = W + v\rho$，$v = 1$，2，3，…，v_e；$v_d\rho$ 为部件 i 在延伸保修期内第一次更换时刻与下一次更换时刻的间隔，$v_d = 1$，2，3，…，$v_e - 1$；$v_c\rho + W_e - v_e\rho$ 表示部件 i 在延伸保修期内最后一次更换与延伸保修截止期的间隔，$v_c = 0$，1，2，…，$v_e - 1$。

可推出部件 i 在延伸保修期内的故障率函数为

$$\lambda_i(t, X_{Li}(t)) = \lambda_i^0(t)\varphi(X_{Li}(t)) = \lambda_i^0(t)\tau_i X_{Li}(t) \tag{5-69}$$

将式（5-68）代入式（5-69），可得

$$\lambda_i(t,X_{Li}(t)) = \begin{cases} \lambda_i^0(t)\tau_i\left[X_i(t) + \sum_{h=0}^{EN(t-W)} L_{iQ^h}\right], t \in [W,t_f] \\ \lambda_i^0(t)\tau_i\left[X_i(t) + \sum_{h=0}^{EN(t)} L_{iQ^h}\right], t \in [0,v_d\rho] \\ \lambda_i^0(t)\tau_i\left[X_i(t) + \sum_{h=0}^{EN(t)} L_{iQ^h}\right], t \in [0,v_c\rho + W_e - v_e\rho] \end{cases} \tag{5-70}$$

因此，可得到部件 i 在延伸保修期内的最小维修次数为

$$E_i[N(t)] = N_1(t) + N_2(t) + N_3(t) \tag{5-71}$$

$$N_1(t) = \int_W^{t_f} \lambda_i^0(t)\tau_i\left[X_i(t) + \sum_{h=0}^{EN(t-W)} L_{iQ^h}\right]\mathrm{d}t, t \in [W,t_f] \tag{5-72}$$

$$N_2(t) = \sum \int_0^{v_d\rho} \lambda_i^0(t)\tau_i\left[X_i(t) + \sum_{h=0}^{EN(t)} L_{iQ^h}\right]\mathrm{d}t, t \in [0,v_d\rho] \tag{5-73}$$

$$N_3(t) = \int_0^{v_c\rho+W_e-v_e\rho} \lambda_i^0(t)\tau_i\left[X_i(t) + \sum_{h=0}^{EN(t)} L_{iQ^h}\right]\mathrm{d}t, t \in [0,v_c\rho + W_e - v_e\rho] \tag{5-74}$$

其中，式（5－71）为多个积分之和，积分个数是不确定的，随着延伸保修期长度的变化而改变，表示部件 i 在第一次更换和最后一次更换之间的最小维修次数。

5.2.3.4 考虑拆卸操作影响的系统可靠性评估

如果在检测时刻 T_v，部件 i 仍处于运行状态，则在下一检测时刻 T_{v+1}，部件 i 的可靠度可表示为

$$R_i(T_{v+1} \mid T_v) = \exp\left[-\int_{T_v}^{T_{v+1}} \lambda_i(t,X_i(t))\mathrm{d}t\right] \tag{5-75}$$

如果在检测时刻 T_v 对一组部件 Q^h 进行故障更换或预防性更换，考虑到 Q^h 的拆卸操作对部件 i 退化水平的影响，可得部件 i 在下一检测时刻

T_{v+1}的可靠度为

$$R_i(T_{v+1} \mid T_v) = \exp\left[-\tau_i \int_{T_v}^{T_{v+1}} \lambda_i^0(t)[X_i(t) + L_{iQ^h}]\mathrm{d}t\right] \quad (5-76)$$

5.2.3.5　结构相关多部件系统延伸保修价格模型

在延伸保修期内，部件 i 的延伸保修成本主要分为两部分：预防性维修成本 C_{pi}和修复性维修成本 C_{fi}。下面将分别进行分析。

1）预防性维修成本 C_{pi}

对于部件 i 来说，每次预防性维修成本 C_{pi}，包括单次预防性更换成本 C_{pri}和停机损失成本 C_{pti}，即 $C_{pi} = C_{pri} + C_{pti}$。停机时间包括单次更换时间 T_{pri}和单次拆卸时间 T_{di}，单位时间停机损失为 C_{pd}，则可得

$$C_{pti} = (T_{pri} + T_{di})C_{pd} \quad (5-77)$$

根据拆卸路径和拆卸矩阵，部件 i 的拆卸时间可计算为

$$T_{di} = \frac{1}{2}\sum_{a=1}^{n}\sum_{b=1}^{n} T_{ab}D_{ab}^{i} \quad (5-78)$$

其中，T_{ab}表示拆卸连接（a，b）所用的时间。同理可得，一组部件 Q^h 的拆卸时间为

$$T_{dQ^h} = \frac{1}{2}\sum_{a=1}^{n}\sum_{b=1}^{n} T_{ab}D_{ab}^{Q^h} \quad (5-79)$$

所以，对于一组部件 Q^h，一次预防性更换造成的停机时间为

$$T_d^{Q^h} = T_{dQ^h} + \sum_{i \in Q^h} T_{pri} \quad (5-80)$$

2）修复性维修成本 C_{fi}

在延伸保修期内，部件 i 每次修复性维修成本包括故障更换成本 C_{fri}和停机损失成本 C_{fti}，即 $C_{fi} = C_{fri} + C_{fti}$。停机时间包括单次更换时间 T_{fri}和单次拆卸时间 T_{di}，单位时间停机损失为 C_{pd}，则可得

$$C_{fti} = (T_{fri} + T_{di})C_{pd} \quad (5-81)$$

其中，预防性更换时间与故障更换时间相等，即 $T_{pri} = T_{fri} = T_{ri}$。所以，对

于一组部件 Q^h，一次故障更换造成的停机时间为

$$T_d^{Q^h} = T_{dQ^h} + \sum_{i \in Q^h} T_{fri} \tag{5-82}$$

因此，系统延伸保修成本为

$$EC(\rho, W_e) = \sum_{i=1}^{n} \sum C_{pi} + \sum_{i=1}^{n} \sum C_{fi} \tag{5-83}$$

其中，$\sum C_{pi}$ 和 $\sum C_{fi}$ 分别表示部件 i 在延伸保修期内的总预防性维修成本和总修复性维修成本。

综上所述，结构相关多部件系统延伸保修价格为

$$P(\rho, W_e) = EC(\rho, W_e) + \psi(W_e - W) \tag{5-84}$$

在上述模型中，决策变量为 ρ 和 W_e，为获得最低延伸保修成本，需优化求解上述决策变量。通过最小化求解系统延伸保修成本，可求得不同延伸保修期下的最优检测间隔期 ρ^* 和最低延伸保修价格 $P(\rho^*, W_e)$。

5.2.4 示例分析

5.2.4.1 问题描述

行星轮系是一种先进的齿轮传动机构，主要由行星轮、中心轮及行星架组成，在国防、风电、建筑工业等部门的机械设备中，得到越来越广泛的应用。某型军用发电机中含有行星轮系结构，初始保修截止期 W 规定为 2 年。在初始保修期内，部队无法完全形成自主保障能力，则需要在延伸保修期内继续引入承制单位的维修保障力量。当前，该行星轮系结构的延伸保修策略为故障后更换策略，并且在保修期内，由部队对该系统进行定期的维护保养。为了降低行星轮系的延伸保修成本，提高其可靠性水平，经过装备多部件系统延伸保修价格决策分析，并结合该系统的维修经验，确定该传动系统的延伸保修模式为承制单位完全负责型模式，保修策略为一维保修策略。由于行星轮系各部件之间存在结构相关性，且为串联系统，每个部件发生故障都会导致系统停机，需要通过拆卸操作对其进行故

障后更换，对行星轮系的正常运行产生重大影响，因此需要通过制定合理的视情维修计划来提高系统的可靠性。为了降低行星轮系延伸保修成本和价格，在延伸保修期间，需定期对行星轮系进行状态检测，根据各部件的实际状态对其进行预防性更换、机会更换和故障更换。根据部队装备维修保障能力水平和该军用发电机的实际使用情况，确定延伸保修期需求为[1 年，8 年]，一年和一个月分别按照360 天和30 天计算。延伸保修结束后，部队可形成对该行星轮系的自主保障能力。以此为例具体说明拆卸操作对行星轮系可靠性和维修决策的影响，行星轮系的三维模型如图 5－19 所示。

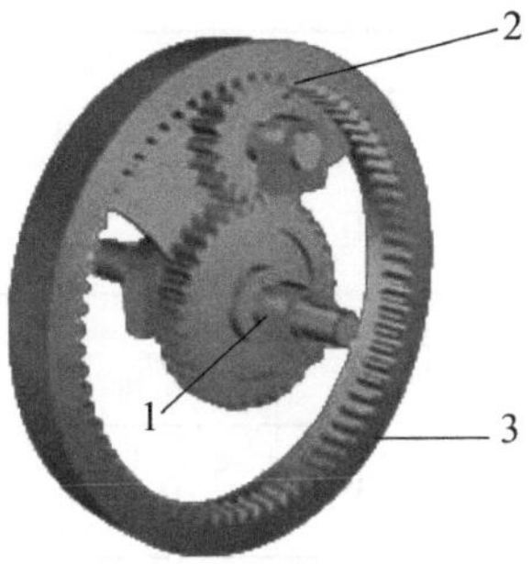

图 5－19　行星轮系三维模型

图 5－19 中，1、2、3 分别代表中心轮、行星轮、行星架。行星轮系是一个具有结构相关性的系统，系统的有向图如图 5－20 所示。

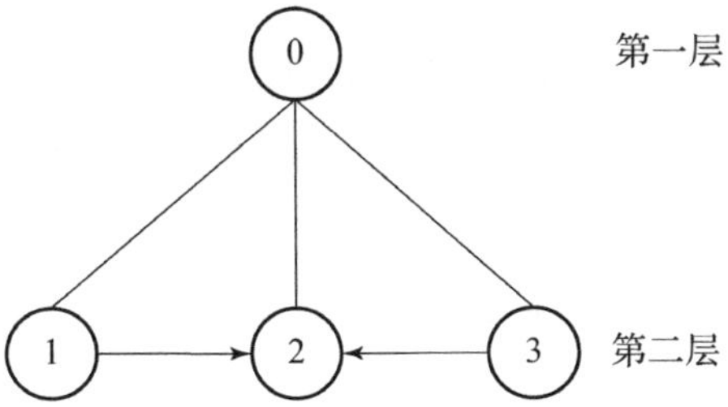

图 5－20　行星轮系有向图

通过分析该行星轮系的系统机构，可得连接矩阵为

$$M_s^{\Theta} = \begin{pmatrix} 0 & 0.8 & 0 \\ 0.8 & 0 & 1.1 \\ 0 & 1.1 & 0 \end{pmatrix} \tag{5-85}$$

同样地，也可得到行星轮系各部件的拆卸矩阵如下：

$$D^1 = \begin{pmatrix} 0 & 1 & 0 \\ 1 & 0 & 0 \\ 0 & 0 & 0 \end{pmatrix},\ D^2 = \begin{pmatrix} 0 & 1 & 0 \\ 1 & 0 & 1 \\ 0 & 1 & 0 \end{pmatrix},\ D^3 = \begin{pmatrix} 0 & 0 & 0 \\ 0 & 0 & 1 \\ 0 & 1 & 0 \end{pmatrix} \tag{5-86}$$

行星轮系各部件的故障率和退化参数设置如表 5－5 所示。

表 5－5　系统参数

部件	α_i	β_i/天	τ_i	ε_i	γ_i	κ_i	p_i
中心轮	3	360	0.4	0	0.08	0.03	1.8
行星轮	2	1500	0.25	0	0.09	0.03	2.5
行星架	4	600	0.3	0	0.02	0.02	1.6

通过相关领域专家对装备承制单位的维修能力进行综合评估后，并且根据历史数据分析，三个可靠性阈值分别为 $R_f=0.3$，$R_p=0.65$，$R_b=0.75$。行星轮系的维修成本参数如表 5－6 所示。

表 5－6　维修成本参数

部件	C_{pri}/元	C_{fri}/元	C_{pd}/元	C_{is}/元	T_{ri}/天
中心轮	300	450	500	15	0.17
行星轮	150	300	500	20	0.21
行星架	200	360	500	30	0.08

另外，可得行星轮系中的每个连接（a，b）的拆卸时间 T_{ab} 和调整系数 ϕ_{ij} 的均值 $\mu_{\phi_{ij}}$ 和标准差 $\sigma_{\phi_{ij}}$ 如下：

$$\boldsymbol{\mu}_{\phi_{ij}} = \begin{pmatrix} 0 & 1.1 & 0 \\ 1.1 & 0 & 1.2 \\ 0 & 1.2 & 0 \end{pmatrix}, \boldsymbol{\sigma}_{\phi_{ij}} = \begin{pmatrix} 0 & 0.1 & 0 \\ 0.1 & 0 & 0.2 \\ 0 & 0.2 & 0 \end{pmatrix}, \boldsymbol{T}_{ab} = \begin{pmatrix} 0 & 1 & 0 \\ 1 & 0 & 2 \\ 0 & 2 & 0 \end{pmatrix} \quad (5-87)$$

在计算过程中，对于军用发电机使用不平均的情况，将其使用时间平均分配到延伸保修期的每一天中。

在延伸保修价格决策中，为使延伸保修的军事和经济效益达到最佳，既要满足部队对于延伸保修期和延伸保修价格的要求，又要保证承制单位的利润需求。需要充分考虑部件之间的结构相关性，以此为基础构造系统的故障率模型，利用系统延伸保修价格模型求出不同延伸保修期下的最优保修价格，以及相对应的最优检测间隔期，最后与不考虑结构相关性的延伸保修成本作对比，验证模型的有效性。

5.2.4.2　模型求解

蒙特卡罗方法也称统计模拟方法，是一种以概率统计理论为指导，使用随机数（或更常见的伪随机数）的数值计算方法，将蒙特卡罗方法用于仿真计算即为蒙特卡罗仿真。本书所提出的基于系统状态的维修决策模型结构比较复杂，非线性关系较多，无法得出精确的解析表达式。根据以上分析，结合相关参数，针对复杂非线性模型，采用蒙特卡罗仿真法求解决策变量（ρ，W_e）的最优值。蒙特卡罗仿真流程如图 5－21 所示。在本书所构建的结构相关多部件系统延伸保修价格模型中，延伸保修价格会随检测间隔期 ρ 和延伸保修截止期 W_e 的变化而变化。假设定期检测间隔期 ρ 的取值范围是［36 天，336 天］，延伸保修截止期的取值范围是［3 年，10 年］，变化步长均为 30 天。

在上述数据假设的基础上，可以得到行星轮系在不同检测间隔 ρ 和延伸保修截止期 W_e 下系统延伸保修成本的变化规律，如图 5－22 所示。图表面上的跳跃点是由不同的检测间隔期引起的。

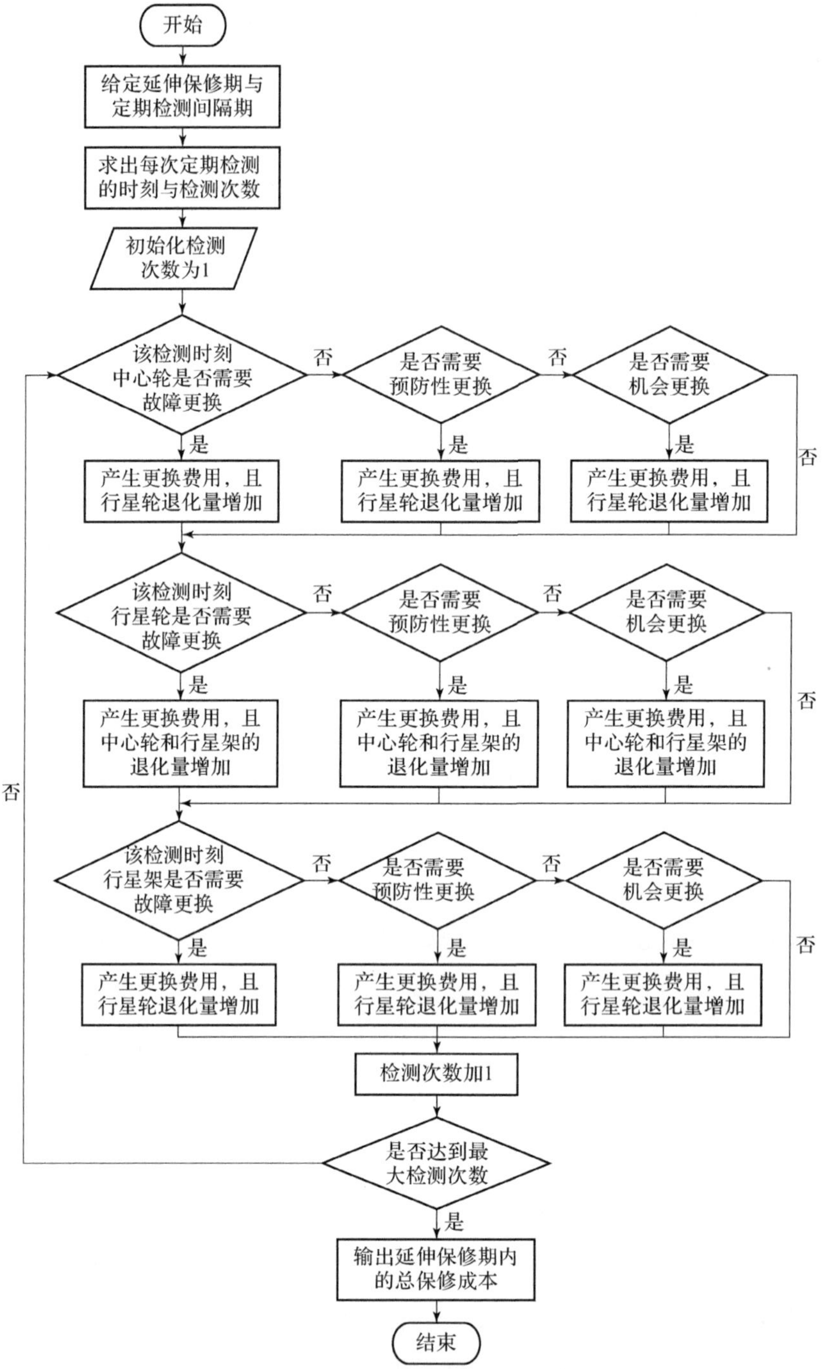

图 5－21　蒙特卡罗仿真流程图

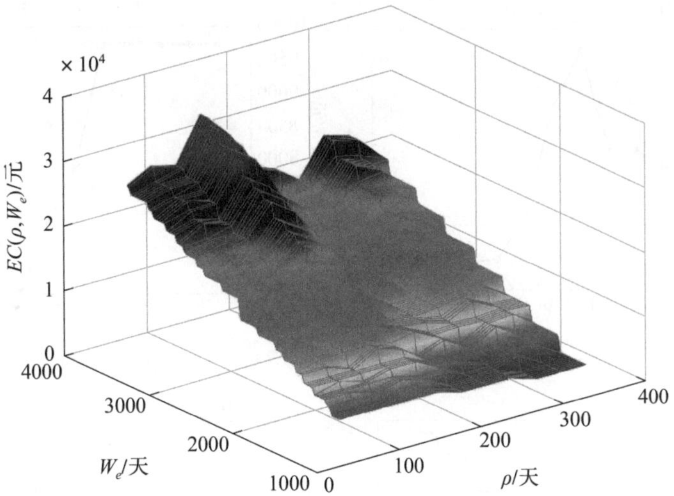

图 5－22　不同延伸保修截止期和检测间隔期下的系统延伸保修成本变化趋势

如图 5－22 所示，系统延伸保修成本受 ρ 和 W_e 两个变量的影响。此外，延伸保修成本随延伸保修截止期 W_e 变化的每条曲线都有一个最小值点。这意味着可以通过优化延伸保修成本得到最优检测间隔期。同时，如果检测间隔期 ρ 是固定的，延伸保修成本将始终随着 W_e 的增长而增加。这也符合以下规律，即随着时间的推移，系统内各部件的故障率将持续增加，系统维修成本也将相应地增加。为了便于分析系统延伸保修成本的变化规律，将图 5－22 分别固定在 $W_e=3420$、1440 天和 $\rho=246$、96 天进行降维分析，如图 5－23 所示。

从图 5－23 中可以看出，当定期检测间隔期固定时，系统延伸保修成本会随着延伸保修截止期的增长而增加；当延伸保修截止期固定时，则存在一个最优的定期检测间隔期使得系统延伸保修成本达到最小值。由结构相关多部件系统延伸保修价格模型可知，需要优化定期检测间隔期以降低系统延伸保修成本，进而降低延伸保修价格。通过对部队和承制单位进行调研，基于专家评估的结果，假设承制单位对发电机行星轮系单位时间的利润需求 $\psi=2000$ 元/年，则基于上述数据，可得出延伸保修价格决策方案如表 5－7 所示。

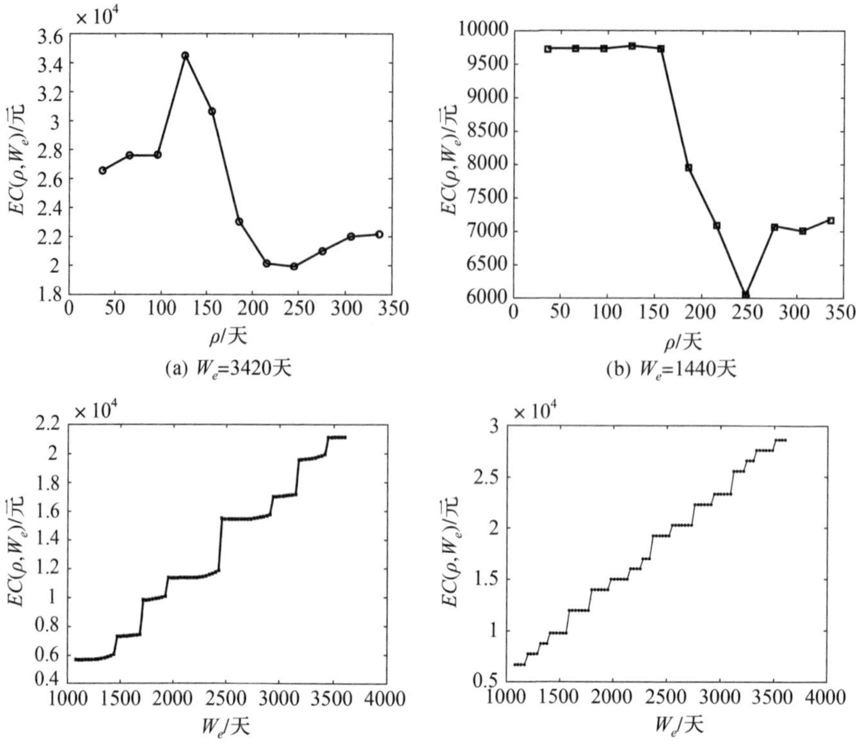

(a) W_e=3420天　(b) W_e=1440天

(c) ρ=246天　(d) ρ=96天

图 5-23　系统延伸保修成本降维分析

表 5-7　不同延伸保修期对应的最优决策方案

方案	W_e/天	ρ^*/天	$EC(\rho^*, W_e)$/元	$P(\rho^*, W_e)$/元
1	1080	276	4488.80	6488.80
2	1260	276	4528.05	7528.05
3	1440	246	6041.08	10041.08
4	1620	336	7234.22	12234.22
5	1800	276	9650.16	15650.16
6	1980	336	9725.58	16725.58
7	2160	216	11077.76	19077.76
8	2340	336	12283.76	21283.76

续表

方案	W_e/天	ρ^*/天	$EC(\rho^*, W_e)$/元	$P(\rho^*, W_e)$/元
9	2520	336	14693.97	24693.97
10	2700	336	14758.10	25758.10
11	2880	246	15700.43	27700.43
12	3060	246	17070.65	30070.65
13	3240	246	19581.58	33581.58
14	3420	246	19922.86	34922.86
15	3600	246	21128.34	37128.34

从表 5－7 中可以看出，通过优化定期检验间隔期，可以得到不同延伸保修期下的最优延伸保修成本和保修价格。表 5－7 中的数据可为确定行星轮系的延伸保修价格提供合理的依据。

若某部队对军用发电机行星轮系的延伸保修期需求为 5 年，即 W_e = 2520 天，根据延伸保修价格决策方案，则最优的延伸保修价格应为 24693.97 元，相应的最优检测间隔期为 336 天。当部队与承制单位签订延伸保修合同时，若承制单位报价超过最低延伸保修价格，则部队需要就延伸保修价格继续与承制单位商定，尽量降低延伸保修价格。

基于上述分析和表 5－7 中的延伸保修价格决策方案，可以得出一些针对军方和承制单位的具体建议。一方面，承制单位在进行营销管理时，可以在保证自身利润需求的前提下，尽可能降低延伸保修价格，从而提高军方购买延伸保修服务的积极性，扩大市场份额；另一方面，军方可以针对自身装备维修保障能力实际和延伸保修期需求，有选择性地购买装备延伸保修服务，从而降低装备的使用成本，提高延伸保修的经济效益。

系统可靠性评估是进行维修决策的基础，因此研究拆卸操作对部件可靠性的影响。假设行星轮系的延伸保修截止期为 W_e = 1440 天，则最优检

测间隔期为 $\rho^* = 246$ 天。根据上述计算和分析，可以得出延伸保修期间系统各部件所经历的维修活动及相应的维修时刻。假设在检测时刻 T_v 对行星轮、中心轮和行星架进行了更换。根据式（5－75）和式（5－76），可通过预测得到下次检测时以上三个部件的可靠度，以阐明拆卸操作对系统可靠性产生的影响，如图 5－24 所示。

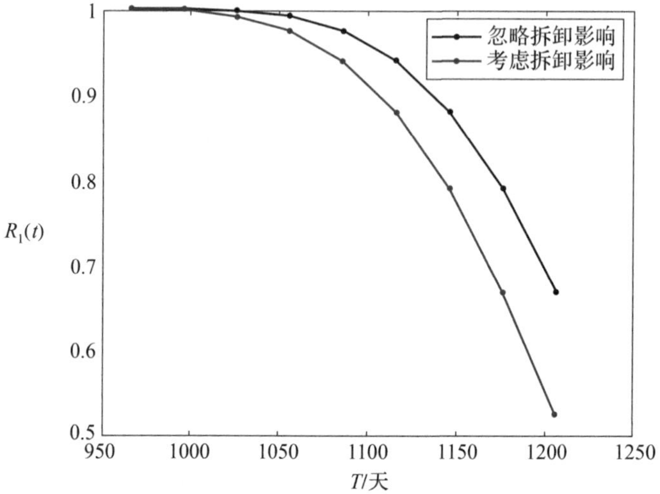

(a)

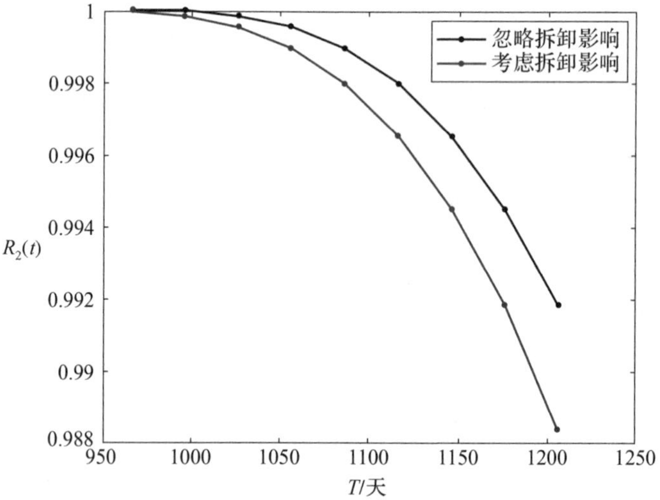

(b)

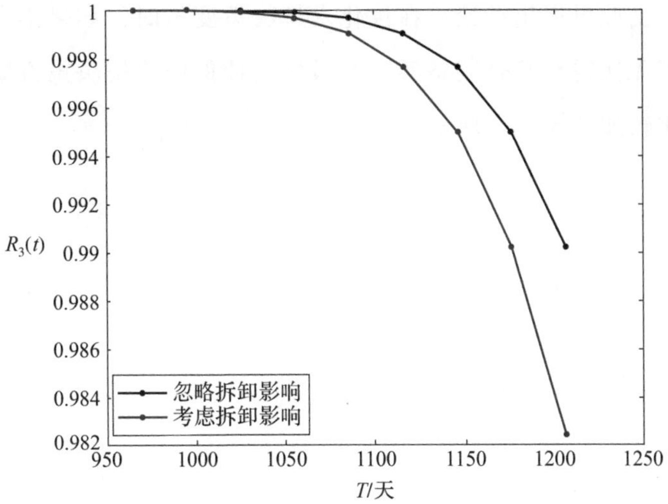

(c)

图 5－24　考虑拆卸影响的系统各部件可靠性变化曲线

在图 5－24 中，$R_i(t)$ 表示部件 i 的可靠度函数，T 为延伸保修期内的时间，初始保修开始时刻为 $T=0$。从图中各部件可靠度的变化可以看出，在拆卸操作的影响下，可靠度函数的下降速率逐渐加快，且考虑拆卸操作影响的可靠度明显低于忽略拆卸操作影响的可靠度。所以，上述分析结果证明了在进行系统可靠性评估时考虑拆卸操作影响的必要性和可行性。

5.2.4.3　拆卸操作影响验证

为了阐明拆卸操作对系统延伸保修价格的影响，假设拆卸操作对系统故障率的影响可以忽略，也就是说，式（5－62）中的退化函数中 L_{iQ^h} 的值为 0。同时，为了便于分析和比较，以 $W_e=1440$ 天为例，由此可确定最优检测间隔期 $\rho^*=246$ 天。将这些数值代入系统模型，以分析拆卸操作的影响。因此，只需要加上由于拆卸操作造成的最小维修成本即可，此时系统最低延伸保修成本为 6058.26 元。这明显高于第 5.2.4.2 节中确定的延伸保修成本 6041.08 元（增加 0.28%），这是因为在第 5.2.4.2 节中求解最优延伸保修成本时，拆卸操作的影响已经被整合到优化过程中。而在本模型中，考虑拆卸操作的影响是在求出不同延伸保修期下的最优检测间隔期之后。由此可得出结论，在优化求解决策变量时，如果不考虑拆卸操作影响，将无法得到符合装备实际的最优延伸保修价格决策方案。上述两种情况的比较如图 5－25 所示。

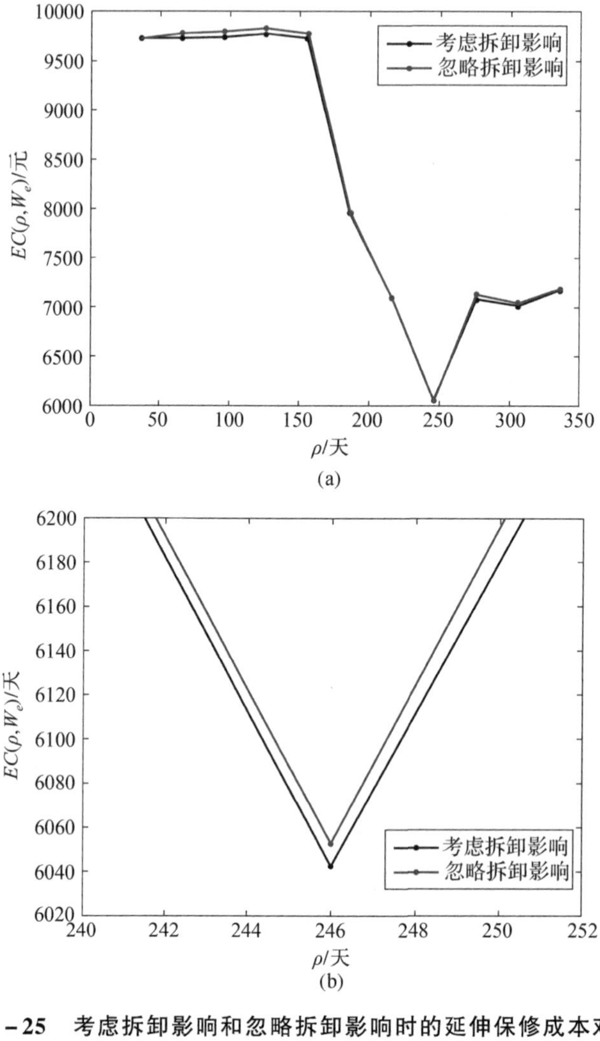

图 5－25　考虑拆卸影响和忽略拆卸影响时的延伸保修成本对比

需要注意的是，如果在整个建模过程中都不考虑拆卸操作的影响，那么就不需要考虑由于拆卸操作导致的部件故障率增加，系统延伸保修成本与考虑拆卸操作影响时相比会降低。

第 6 章　装备保修决策中预测维修策略的运用

预测性维修能够主动预测和防范潜在的故障，以实现更高效、更经济的装备保修活动。在保修期内，运用传感器采集装备运行数据，通过分析装备的运行数据，能够提前识别潜在的故障风险，从而在问题发生之前采取行动。美国军方已经研发出一种先进的无人机健康与使用监测系统（T-HUMS），专为小型和微型无人机设计，该系统配备了一组高度敏感的传感器，这些传感器与高性能处理器相结合，能够在飞行过程中进行实时的自动诊断和故障预测。这种集成的监测能力不仅为操作人员提供了宝贵的任务执行期间的咨询信息，而且极大地提高了维修工作的及时性和效率。本章主要探索在装备保修期内，采用预测维修策略，通过装备状态监测数据确定未来维修时机的方法。

6.1　概述

在预测维修技术框架下，装备维修决策主要基于剩余寿命预测结果开展，特别是在装备保修期内，装备状态监测数据及基于这些数据预测的装备剩余使用寿命是开展保修活动的重要依据。装备状态信息作为健康管理的核心与基础，可为健康管理决策提供全面、有效的决策支持。精确的预测结果可帮助制定维修决策，避免维修不足或维修过剩现象出现，提高系统安全性、可靠性和任务成功率，降低装备全寿命周期成本。

在实际维修过程中，由于装备自身特点和运行环境的随机性，导致其退化过程与剩余寿命呈现出随机性与动态性。Wiener 过程具有直观的物理含义和较强的计算分析能力，能够描述各种典型装备部件（如滚动轴承、激光、陀螺等）的退化过程。本章采用非线性 Wiener 过程来模拟装备的退化轨迹，并利用贝叶斯框架下的在线滤波算法来实时更新 Wiener 过程的参数和状态。这一方法能够提供装备剩余使用寿命的概率密度函数，从而实现对装备寿命的精确预测。在维修决策方面，本章构建了一个动态模型，旨在最小化单位时间内的维修成本。模型通过解析求解，确定了实施维修活动的最佳时间点。这种方法不仅提高了维修活动的效率，还有助于避免过度维护和不必要的成本支出。

6.2 线性 Wiener 退化模型

Wiener 过程作为一类具有独立增量的随机过程，因其物理意义直观、数学性质良好，已被广泛应用于装备退化模型的建立与剩余寿命预测。基于 Wiener 过程的退化模型在数学上具有明显优势，其剩余寿命分布可通过解析方法得到，即服从逆高斯分布。

设 $X(t)$ 代表 t 时刻的退化量，则 Wiener 过程的退化过程 $\{X(t),t\geqslant 0\}$ 可描述如下：

$$X(t)=\lambda t+\sigma B(t) \tag{6-1}$$

其中，λ 是漂移系数，σ 是扩散系数，$B(t)$ 是描述退化过程随机性的标准布朗运动，且 $B(t)\sim N(0,t)$。所以，$X(t)$ 又被称作具有线性漂移的布朗运动。式（6－1）中假设初始退化量 $x(0)=0$，以简化计算。若实际监测数据 $x(0)\neq 0$，可作以下变换 $x_r(t)=x(t)-x(0)$，或设故障阈值为 $w_r=w-x(0)$，则可转换成初始退化量为 0 的情况。

由 Wiener 过程的定义可知，当装备退化程度较小且呈现均匀平缓的特征时，可以用 Wiener 过程来描述退化过程。如果退化增量在时间增量 Δt 内是 ΔX，那么 ΔX 服从正态分布，也就是 $\Delta X \sim N(\lambda\Delta t,\sigma^2\Delta t)$。因此，Wiener 过程既可以用来刻画单调退化过程，也可以用来刻画非单调退化过程。

基于 Wiener 过程的退化建模和剩余寿命预测必须建立退化模型和寿命分布之间的内在联系。设系统在当前时刻 t_i 时的退化量为 X_i，则在未来时刻 t，有

$$X(t)=X(t_i)+\lambda(t-t_i)+\sigma B(t-t_i) \tag{6-2}$$

以首次到达时间定义退化轨迹和寿命的关系，其基本思想是：当 $\{X(t),t\geqslant 0\}$ 第一次到达预定故障阈值 w 时，装备就被认为是发生了故障。如图 6-1 所示，装备在 t_1 时刻的退化量首次到达故障阈值 w，装备的首达时间即为 t_1。因此，当退化过程 $\{X(t),t\geqslant 0\}$ 第一次到达失效阈值时，根据首达时间概念，在当前时刻 t_i，系统退化量为 x_i，基于 Wiener 过程的剩余寿命 L_i 为

$$L_i=\inf\{l_i\,|\,X(t_i+l_i)\geqslant w\} \tag{6-3}$$

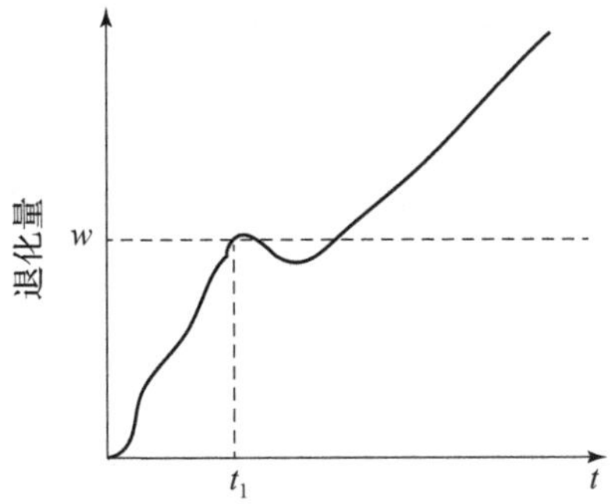

图 6-1　基于首达时间的寿命定义方法

由 Wiener 过程的独立增量性质和齐次马尔可夫性质可得

$$L_i=\inf\{l_i\,|\,X(t_i+l_i)-X(t_i)\geqslant w-x_i\}=\inf\{l_i\,|\,X(l_i)\geqslant w-x_i\} \tag{6-4}$$

寿命 L_i 的分布服从逆高斯分布。基于首达时间原理可得剩余寿命 L_i

概率密度函数和累积分布函数为

$$f_{L_i \mid w,x_i}(l_i \mid w,x_i) = \frac{w - x_i}{\sigma \sqrt{2\pi l_i^3}} \exp\left(-\frac{(w - x_i - \lambda l_i)^2}{2\sigma^2 l_i} \right) \tag{6-5}$$

$$F_{L_i \mid w,x_i}(l_i \mid w,x_i) = 1 - \Phi\left(\frac{w - x_i - \lambda l_i}{\sigma \sqrt{l_i}} \right) + \exp\left(\frac{2\lambda(w - x_i)}{\sigma^2} \right) \Phi\left(\frac{-w + x_i - \lambda l_i}{\sigma \sqrt{l_i}} \right) \tag{6-6}$$

则剩余寿命 L_i 的均值为

$$E(L_i) = \frac{w - x_i}{\lambda} \tag{6-7}$$

装备运行环境复杂多变，即使是同一种装备，其性能退化也具有一定的随机性，这主要体现在装备退化轨迹中。因此，通常假定漂移参数服从正态分布，也就是 $\lambda \sim N(u_\lambda, \sigma_\lambda^2)$，用来刻画随机因素在统计上的独立于 $B(t)$ 的影响。然后，我们将构建 Wiener 退化模型，即随机参数 Wiener 模型。显然，在 $\sigma_\lambda^2 = 0$ 时，即漂移系数是固定的情况下，该模型与上面提到的 Wiener 退化模型（被称为固定参数 Wiener 模型）是完全一样的。这使得固定参数 Wiener 模型成为一种特殊情形。在此基础上，建立了随机参数 Wiener 模型下的寿命 T 与剩余寿命 L 的概率分布函数。为简化随机参数 Wiener 模型的推导过程，首先给出引理 1。

引理 1　若 $Z \sim N(\mu, \sigma^2)$，则可得下式：

$$E_Z(\exp(\lambda Z)\Phi(c + \gamma Z)) = \exp\left(\lambda\mu + \frac{\lambda^2\sigma^2}{2} \right) \Phi\left(\frac{c + \gamma\mu + \lambda\gamma\sigma^2}{\sqrt{1 + \gamma^2\sigma^2}} \right) \tag{6-8}$$

证明：若 $X \sim N(0,1)$，根据引理 1，可得

$$E_X(\Phi(a + bX)) = \Phi\left(\frac{a}{\sqrt{1 + b^2}} \right) \tag{6-9}$$

若 $X \sim N(\mu_0, \sigma_0^2)$，根据引理 1，可得

$$E_X(\Phi(a+bX))=\Phi\left(\frac{a+b\mu_0}{\sqrt{1+b^2\sigma_0^2}}\right) \tag{6-10}$$

因此，令 $x=\dfrac{z-\mu}{\sigma}$进行变量置换，可得

$$\begin{aligned}E_Z(\exp(\lambda Z)\Phi(c+\gamma Z)) &= \frac{1}{\sigma}\int\exp(\lambda z)\Phi(c+\gamma z)\phi\left(\frac{z-\mu}{\sigma}\right)\mathrm{d}z \\ &= \exp(\lambda\mu)\int\exp(\lambda\sigma x)\Phi(c+\gamma\mu+\lambda\sigma x)\phi(x)\,\mathrm{d}x \\ &= \exp\left(\lambda\mu+\frac{\lambda^2\sigma^2}{2}\right)\Phi\left(\frac{c+\gamma\mu+\lambda\gamma\sigma^2}{\sqrt{1+\gamma^2\sigma^2}}\right)\end{aligned} \tag{6-11}$$

根据引理 1，易得寿命 T 的累积分布函数，求导可得寿命 T 的概率密度函数，分别表示为

$$f_T(t)=\frac{w}{\sqrt{2\pi t^3(\sigma_\lambda^2 t+\sigma^2)}}\exp\left(-\frac{(w-u_\lambda t)^2}{2t(\sigma_\lambda^2 t+\sigma^2)}\right) \tag{6-12}$$

$$F_T(t)=1-\Phi\left(\frac{w-u_\lambda t}{\sqrt{\sigma_\lambda^2 t^2+\sigma^2 t}}\right)+\exp\left(\frac{2u_\lambda w}{\sigma^2}+\frac{2\sigma_\lambda^2 w^2}{\sigma^4}\right)\Phi\left(-\frac{2\sigma_\lambda^2 wt+\sigma^2(w+u_\lambda t)}{\sigma^2\sqrt{\sigma_\lambda^2 t^2+\sigma^2 t}}\right) \tag{6-13}$$

此时，寿命 T 的均值为

$$E(T)=\frac{\sqrt{2}w}{\sigma_\lambda}D\left(\frac{u_\lambda}{\sqrt{2}\sigma_\lambda}\right) \tag{6-14}$$

其中，$D(z)=\exp(-z^2)\int_0^z\exp(x^2)\,\mathrm{d}x$ 表示关于 z 的 Dawson 积分。

与式（6－5）和式（6－6）同理，可得此时剩余寿命 L_i的概率密度函数和累积分布函数分别为

$$f_{L_i|w,X_{1:i}}(l_i|w,X_{1:i})=\frac{w-x_i}{\sqrt{2\pi l_i^3(\sigma_{\lambda i}^2 l_i+\sigma^2)}}\exp\left(-\frac{(w-x_i-u_{\lambda i}l_i)^2}{2l_i(\sigma_{\lambda i}^2 l_i+\sigma^2)}\right) \tag{6-15}$$

$$F_{L_i|w,X_{1:i}}(l_i|w,X_{1:i})=1-\Phi\left(\frac{w-x_i-u_{\lambda i}l_i}{\sqrt{\sigma_{\lambda i}^2 l_i^2+\sigma^2 l_i}}\right)+$$

$$\exp\left(\frac{2u_{\lambda i}(w-x_i)}{\sigma^2}+\frac{2\sigma_{\lambda i}^2(w-x_i)^2}{\sigma^4}\right)\Phi\left(-\frac{2\sigma_{\lambda i}^2(w-x_i)l_i+\sigma^2(u_{\lambda i}l+w-x_i)}{\sigma^2\sqrt{\sigma_{\lambda i}^2 l_i^2+\sigma^2 l_i}}\right) \tag{6-16}$$

此时，剩余寿命 L_i的均值为

$$E(L_i \mid X_{1:i})=\frac{\sqrt{2}(w-x_i)}{\sigma_{\lambda i}}D\left(\frac{u_{\lambda i}}{\sqrt{2}\sigma_{\lambda i}}\right) \tag{6-17}$$

6.3 非线性 Wiener 退化模型

线性 Wiener 过程可以用来刻画线性或转化后线性退化趋势系统。已有的研究多以线性 Wiener 过程为基础，构建线性退化模型，对装备剩余寿命进行预测。随着装备复杂度的增加，经常出现非线性退化现象。此时，线性退化过程很难刻画其动力学特征，不能有效描述退化轨迹和预测其剩余寿命。而用非线性随机过程对其进行刻画，可以更好地刻画其动态特性，更好地揭示装备故障的本质。为了使退化轨迹预测更加接近实际退化轨迹，提高预测精度，本节综合考虑非线性退化轨迹、非稳定过程和历史退化数据，提出基于非线性 Wiener 过程的剩余寿命预测方法。采用时间尺度变换函数和自适应的漂移系数来描述系统的非线性退化过程，采用极大似然估计对模型初始参数进行估计，采用贝叶斯滤波算法对系统进行状态估计与更新，最终获得考虑系统非线性退化过程下剩余寿命预测的解析公式。

为考虑非线性结构，在 Wiener 过程模型中融入时间尺度变换函数，建立了如下非线性 Wiener 过程退化模型。

$$X(t)=\lambda\Lambda(t;\xi)+\sigma B(t) \tag{6-18}$$

其中，$\Lambda(t;\xi)$为关于时间 t 的非线性函数，ξ 代表 $\Lambda(t;\xi)$中的未知参数。

在第 k 个监测点，退化过程的演变表示如下：

$$x(t) = x_k + \lambda_k(\Lambda(t;\xi) - \Lambda(t_k;\xi)) + \sigma B(\Lambda(t;\xi) - \Lambda(t_k;\xi)) \tag{6-19}$$

在第 k 个监测点的剩余寿命定义为从当前时间 t_k 到退化量首次达到故障阈值 w 的时长。为求取剩余寿命，给出引理 2。

引理 2

如果随机变量 Y 满足 $Y \sim N(\mu_1, \sigma_1^2)$，则期望值 $E_Y(\Phi(Y))$ 可表示为

$$E_Y(\Phi(Y)) = \Phi\left(\frac{\mu_1}{\sqrt{1+\sigma_1^2}}\right) \tag{6-20}$$

其中，$\Phi(\cdot)$ 表示标准正态分布的累积分布函数。

在第 k 个监测点，基于 λ_k 和 $X_{1:k}$ 的首达时间条件分布服从逆高斯分布，则

$$\Pr\{\Lambda(t_k+l;\xi) - \Lambda(t_k;\xi) \leqslant \Omega\} = F(\Omega \mid \lambda_k, w, X_{1:k}) = F_{IG}\left(\Omega \middle| \frac{w-x_k}{\lambda_k}, \frac{(w-x_k)^2}{\sigma^2}\right) \tag{6-21}$$

以 λ_k 和 $X_{1:k}$ 为条件的剩余寿命预测的累积分布函数可得

$$\begin{aligned} & F_{L_k \mid \lambda_k, w, X_{1:k}}(l_k \mid \lambda_k, w, X_{1:k}) \\ & = P\{\Lambda(t_k+T;\xi) - \Lambda(t_k;\xi) \leqslant \Lambda(t_k+l;\xi) - \Lambda(t_k;\xi)\} \\ & = F_{IG}\left(\zeta_l \middle| \frac{w-x_k}{\lambda_k}, \frac{(w-x_k)^2}{\sigma^2}\right) \\ & = \Phi\left(\frac{w-x_k}{\sigma\sqrt{\zeta_l}}\left(\frac{\zeta_l\lambda_k}{w-x_k} - 1\right)\right) + \exp\left(\frac{2(w-x_k)\lambda_k}{\sigma^2}\right)\Phi\left(-\frac{w-x_k}{\sigma\sqrt{\zeta_l}}\left(\frac{\zeta_l\lambda_k}{w-x_k} + 1\right)\right) \end{aligned} \tag{6-22}$$

其中，$\zeta_l = \Lambda(t_k+l;\xi) - \Lambda(t_k;\xi)$。

以 λ_k 和 $X_{1:k}$ 为条件的剩余寿命预测的概率密度函数可由式（6-22）对剩余寿命 l 求微分得到

$$f_{L_k \mid \lambda_k, w, X_{1:k}}(l_k \mid \lambda_k, w, X_{1:k})$$

$$= \frac{\mathrm{d}F_{L_k|\lambda_k,w,X_{1:k}}(l_k|\lambda_k,w,X_{1:k})}{\mathrm{d}l} = \frac{w-x_k}{\sqrt{2\pi\zeta_l^3\sigma^2}}\frac{\mathrm{d}\zeta_l}{\mathrm{d}l}\exp\left(-\frac{(w-x_k-\lambda_k\zeta_l)^2}{2\sigma^2\zeta_l}\right)$$

$$= \frac{w-x_k}{\sqrt{2\pi\zeta_l^3\sigma^2}}\frac{\mathrm{d}\Lambda(t_k+l;\xi)}{\mathrm{d}l}\exp\left(-\frac{(w-x_k-\lambda_k\zeta_l)^2}{2\sigma^2\zeta_l}\right) \tag{6-23}$$

结合引理2，根据退化漂移状态的分布估计，在第 k 个监测点上，基于 $X_{1:k}$ 的剩余寿命预测的概率密度函数为

$$\begin{aligned} & f_{L_k|w,X_{1:k}}(l_k|w,X_{1:k}) \\ &= \int_{-\infty}^{+\infty} f_{L_k|\lambda_k,w,X_{1:k}}(l_k|\lambda_k,w,X_{1:k})f(\lambda_k|X_{1:k})\,\mathrm{d}\lambda_k \\ &= \frac{w-x_k}{\sqrt{2\pi\zeta_l^3(\sigma^2+p_k\zeta_l)}}\frac{\mathrm{d}\Lambda(t_k+l;\xi)}{\mathrm{d}l}\exp\left(-\frac{(w-x_k-\hat{\lambda}_k\zeta_l)^2}{2\zeta_l(\sigma^2+p_k\zeta_l)}\right) \end{aligned} \tag{6-24}$$

基于 $X_{1:k}$ 的剩余寿命预测的累积分布函数为

$$\begin{aligned} & F_{L_k|w,X_{1:k}}(l_k|w,X_{1:k}) \\ &= \int_{-\infty}^{+\infty} F_{L_k|\lambda_k,w,X_{1:k}}(l_k|\lambda_k,w,X_{1:k})f(\lambda_k|X_{1:k})\,\mathrm{d}\lambda_k \\ &= \Phi\left(-\frac{w-x_k-\hat{\lambda}_k\zeta_l}{\sqrt{p_k\zeta_l^2+\sigma^2\zeta_l}}\right)+\exp\left(\frac{2\hat{\lambda}_k(w-x_k)}{\sigma^2}+\frac{2p_k(w-x_k)^2}{\sigma^4}\right)\cdot \\ &\quad \Phi\left(-\frac{2p_k(w-x_k)\zeta_l+\sigma^2(w-x_k+\hat{\lambda}_k\zeta_l)}{\sigma^2\sqrt{p_k\zeta_l^2+\sigma^2\zeta_l}}\right) \end{aligned} \tag{6-25}$$

从式（6-24）与式（6-25）可以看出，所建模型得到的剩余寿命的概率密度函数与累积分布函数主要考虑了非线性结构 $\Lambda(t;\xi)$ 和漂移系数的完整分布，使得模型能够更好地追踪实际退化轨迹，并得到精确的剩余寿命预测结果。

6.4 参数估计、状态更新与动态维修决策

不考虑漂移系数服从正态分布时，为获得参数估计，假设共有 N 条样

本轨迹，第 n 条样本轨迹在时间 $t_{n,1}$，…，t_{n,m_n}，其中，m_n 表示第 n 条样本轨迹的样本数量，其中 $n=1$，2，…，N。因此，在 $t_{n,j}$时，第 n 条样本轨迹的退化量为

$$X_n(t_{n,j}) = \lambda\gamma(t_{n,j}) + \sigma B(t_{n,j}) \tag{6-26}$$

其中，$\gamma(t_{n,j})$表示时间 t 的线性或非线性函数，$j=1$，2，…，m_n。使 $\boldsymbol{T}_n = (T_{n,1},\cdots,T_{n,m_n})'$，则 $T_{n,j} = \gamma(t_{n,j})$，同时 $\boldsymbol{X}_n = (x_n(t_{n,1}),\cdots,x_n(t_{n,m_n}))'$。$\boldsymbol{X}_n$ 服从均值为 $\tilde{\boldsymbol{\mu}}_n$、方差为$\boldsymbol{\Sigma}_n$ 的多元正态分布，有

$$\tilde{\boldsymbol{\mu}}_n = \lambda \boldsymbol{T}_n, \boldsymbol{\Sigma}_n = \boldsymbol{\Omega}_n \tag{6-27}$$

其中，

$$\boldsymbol{\Omega}_n = \sigma^2 \boldsymbol{Q}_n,\ \boldsymbol{Q}_n = \begin{bmatrix} t_{n,1} & t_{n,1} & \vdots & t_{n,1} \\ t_{n,1} & t_{n,2} & \vdots & t_{n,2} \\ \vdots & \vdots & \vdots & \vdots \\ t_{n,1} & t_{n,2} & \vdots & t_{n,m_n} \end{bmatrix} \tag{6-28}$$

待估计参数集 $\Theta = (\lambda, \sigma)$的联合概率密度函数为

$$F(\Theta | \boldsymbol{X}_n) = \frac{1}{\sqrt{2\pi}} |\boldsymbol{\Sigma}_n|^{-\frac{1}{2}} \exp\left(-\frac{1}{2}(\boldsymbol{X}_n - \lambda \boldsymbol{T}_n)' \boldsymbol{\Sigma}_n^{-1} (\boldsymbol{X}_n - \lambda \boldsymbol{T}_n)\right) \tag{6-29}$$

对式（6-29）两边同取对数可得

$$\ln F(\Theta | \boldsymbol{X}_n) = -\frac{1}{2}\ln(2\pi) - \frac{1}{2}\ln|\boldsymbol{\Sigma}_n| - \frac{1}{2}(\boldsymbol{X}_n - \lambda \boldsymbol{T}_n)' \boldsymbol{\Sigma}_n^{-1} (\boldsymbol{X}_n - \lambda \boldsymbol{T}_n) \tag{6-30}$$

基于式（6-30），分别对待估计参数 λ 与 σ 求导可得

$$\frac{\partial \ln F(\Theta | \boldsymbol{X}_n)}{\partial \lambda} = \boldsymbol{T}_n' \boldsymbol{\Sigma}_n^{-1} \boldsymbol{X}_n - \lambda \boldsymbol{T}_n' \boldsymbol{\Sigma}_n^{-1} \boldsymbol{T}_n \tag{6-31}$$

$$\frac{\partial \ln F(\Theta | \boldsymbol{X}_n)}{\partial \sigma^2} = -\frac{N}{2\sigma^2} + \frac{1}{2\sigma^4}(\boldsymbol{X}_n - \lambda \boldsymbol{T}_n)^T \boldsymbol{Q}_n^{-1} (\boldsymbol{X}_n - \lambda \boldsymbol{T}_n) \tag{6-32}$$

使式（6－31）为0，可得漂移系数 λ 的极大似然估计值为

$$\hat{\lambda}=\frac{\boldsymbol{T}_n'\boldsymbol{\Sigma}_n^{-1}\boldsymbol{X}_n}{\boldsymbol{T}_n'\boldsymbol{\Sigma}_n^{-1}\boldsymbol{T}_n}=\frac{\boldsymbol{T}_n'Q^{-1}\boldsymbol{X}_n}{\boldsymbol{T}_n'Q^{-1}\boldsymbol{T}_n} \tag{6-33}$$

同理使式（6－32）为0，可得扩散系数 σ 的极大似然估计值为

$$\hat{\sigma}^2=\frac{(\boldsymbol{X}_n-\hat{\lambda}\boldsymbol{T}_n)^TQ^{-1}(\boldsymbol{X}_n-\hat{\lambda}\boldsymbol{T}_n)}{N} \tag{6-34}$$

考虑漂移系数服从正态分布时，为获得参数估计，假定漂移系数服从均值为 μ_λ、方差为 σ_λ 的正态分布，此时 $\boldsymbol{X}_n$ 服从均值为 $\mu_\lambda\boldsymbol{T}_n$、方差为 $\sigma_\lambda^2\boldsymbol{T}_n\boldsymbol{T}_n'+\boldsymbol{\Omega}_n$ 的多元正态分布。待估计参数集 $\boldsymbol{\Theta}_1=(\mu_\lambda,\sigma_\lambda,\sigma)$ 的对数似然函数表示为

$$\begin{aligned}\ell(\boldsymbol{\Theta}_1|\boldsymbol{X}_n)=&-\frac{N}{2}\ln(2\pi)-\frac{1}{2}\ln|\sigma_\lambda^2\boldsymbol{T}_n\boldsymbol{T}_n'+\boldsymbol{\Omega}_n|\\&-\frac{1}{2}(\boldsymbol{X}_n-\mu_\lambda\boldsymbol{T}_n')(\sigma_\lambda^2\boldsymbol{T}_n\boldsymbol{T}_n'+\boldsymbol{\Omega}_n)^{-1}(\boldsymbol{X}_n-\mu_\lambda\boldsymbol{T}_n)\end{aligned} \tag{6-35}$$

为了简化计算过程，将未知参数 σ^2 转换为 $\tilde{\sigma}^2=\sigma^2/\sigma_\lambda^2$，$\boldsymbol{\Omega}_n$ 相应地表示为 $\tilde{\boldsymbol{\Omega}}_n=\boldsymbol{\Omega}_n/\sigma_\lambda^2$。则式（6－35）可转化为

$$\begin{aligned}\ell(\boldsymbol{\Theta}_1|\boldsymbol{X}_n)=&-\frac{N}{2}\ln(2\pi)-\frac{N}{2}\ln\sigma_\lambda^2-\frac{1}{2}\ln|\boldsymbol{T}_n\boldsymbol{T}_n'+\tilde{\boldsymbol{\Omega}}_n|\\&-\frac{1}{2\sigma_\lambda^2}(\boldsymbol{X}_n-\mu_\lambda\boldsymbol{T}_n)'(\boldsymbol{T}_n\boldsymbol{T}_n'+\tilde{\boldsymbol{\Omega}}_n)^{-1}(\boldsymbol{X}_n-\mu_\lambda\boldsymbol{T}_n)\end{aligned} \tag{6-36}$$

那么 $\ell(\boldsymbol{\Theta}_1|\boldsymbol{X}_n)$ 相对于 μ_λ 和 σ_λ^2 的一阶偏导数表示为

$$\begin{cases}\dfrac{\partial\ell(\boldsymbol{\Theta}_1|\boldsymbol{X}_n)}{\partial\mu_\lambda}=\dfrac{\boldsymbol{T}_n'(\boldsymbol{T}_n\boldsymbol{T}_n'+\tilde{\boldsymbol{\Omega}}_n)^{-1}(\boldsymbol{X}_n-\mu_\lambda\boldsymbol{T}_n)}{\sigma_\lambda^2}\\[2ex]\dfrac{\partial\ell(\boldsymbol{\Theta}_1|\boldsymbol{X}_n)}{\partial\sigma_\lambda^2}=-\dfrac{N}{2\sigma_\lambda^2}+\dfrac{1}{2\sigma_\lambda^4}(\boldsymbol{X}_n-\mu_\lambda\boldsymbol{T}_n)'\times(\boldsymbol{T}_n\boldsymbol{T}_n'+\tilde{\boldsymbol{\Omega}}_n)^{-1}(\boldsymbol{X}_n-\mu_\lambda\boldsymbol{T}_n)\end{cases} \tag{6-37}$$

让$\partial\ell(\boldsymbol{\Theta}_1|\boldsymbol{X}_n)/\partial\mu_\lambda=0$且$\partial\ell(\boldsymbol{\Theta}_1|\boldsymbol{X}_n)/\partial\sigma_\lambda^2=0$，则$\mu_\lambda$和$\sigma_\lambda^2$的极大似然估计结果表示如下：

$$\begin{cases}\mu_\lambda=\dfrac{\boldsymbol{T}_n'(\boldsymbol{T}_n\boldsymbol{T}_n'+\tilde{\boldsymbol{\Omega}}_n)^{-1}\boldsymbol{X}_n}{\boldsymbol{T}_n'(\boldsymbol{T}_n\boldsymbol{T}_n'+\tilde{\boldsymbol{\Omega}}_n)^{-1}\boldsymbol{T}_n}\\[2ex] \sigma_\lambda^2=\dfrac{(\boldsymbol{X}_n-\mu_\lambda\boldsymbol{T}_n)'(\boldsymbol{T}_n\boldsymbol{T}_n'+\tilde{\boldsymbol{\Omega}}_n)^{-1}(\boldsymbol{X}_n-\mu_\lambda\boldsymbol{T}_n)}{N}\end{cases}\tag{6-38}$$

将式（6-38）代入式（6-36），式（6-36）可简化为仅含$\tilde{\sigma}^2$一个变量的似然函数：

$$\ell(\boldsymbol{\Theta}_1|\boldsymbol{X}_n)=-\frac{N}{2}\ln(2\pi)-\frac{N}{2}-\frac{N}{2}\ln\sigma_\lambda^2-\frac{1}{2}\ln|\boldsymbol{T}_n\boldsymbol{T}_n'+\tilde{\boldsymbol{\Omega}}_n|\tag{6-39}$$

$\tilde{\sigma}^2$的极大似然估计值是通过优化最大化式（6-39）中的对数似然函数而获得的，使用 MATLAB 函数 fminsearch 来实现此目的。将$\tilde{\sigma}^2$的极大似然估计值代入式（6-38），可得到μ_λ和σ_λ^2的极大似然估计值。σ^2可以通过σ_λ^2和$\tilde{\sigma}^2$相乘来得到。

状态空间模型是描述非线性动态系统演化过程的动态时域模型。由于能够全面刻画系统状态演化和观测特征之间的关系，通过可观测的样本对系统不可观测的状态进行估计，状态空间模型在寿命预测领域得到重视。假设系统状态随时间的演化可由一个不可观测或难以观测的状态序列所确定，而与该序列伴随的则是一个可观测的测量序列，其关系可由状态空间模型表示。综合研究非线性、漂移系数不确定性、非稳态性及历史退化数据，利用状态空间模型可以更好地刻画实际的退化状态估计和精确地预测剩余寿命。根据欧拉离散化，在第k个监测点，建立状态空间模型描述退化的演变过程如下：

$$\begin{cases}\lambda_k=\lambda_{k-1}+\eta_k\\ x_k=x_{k-1}+\lambda_{k-1}\tau_k+\sigma B(\tau_k)\end{cases}\tag{6-40}$$

其中，$\tau_k = \Lambda(t_k;\xi) - \Lambda(t_{k-1};\xi)$，$t_k$ 为第 k 个监测时刻；x_k 为 t_k 时刻的退化量；λ_k 为 t_k 时刻的退化漂移状态；η_k 服从正态分布 $\eta_k \sim N(0,\varepsilon^2)$，为 t_k 时刻的状态噪声；σ 是扩散系数；$B(t)$是标准布朗运动，服从 $B(t) \sim N(0,t)$。假设初始退化漂移状态服从正态分布 $\lambda_0 \sim N(a_0,P_0)$，并且初始退化漂移状态和每个监测点的噪声$\{\lambda_0,\eta_1,\cdots,\eta_k,B(\tau_1),\cdots,B(\tau_k)\}$相互独立。

式（6-40）利用随机游走模型为退化漂移状态构造了更新过程。λ 是一个依赖于时间的随机变量，但不可直接观测，即退化漂移状态是隐藏的，因此当新的退化监测量出现时需要对 λ 进行估计和更新。其原理是建立起历史退化数据与退化预测量的关系，从而将历史退化数据代入 λ 估计和更新中。其具体方法是通过新的退化量和先验分布对 λ 后验分布进行更新，从而成为下一监测时刻的先验分布，并如此循环。退化漂移状态估计结束后，通过参数估计就可以预测退化程度。

退化漂移状态反映监测系统的退化速度，是剩余寿命预测中的关键因素。因此，退化漂移状态估计的精度直接影响剩余寿命预测的效果。因为滤波模型能够较好地处理不可观测的隐退化状态，并且重要参数可以拓展为状态空间模型中的状态参数以进行退化状态估计和更新，所以广泛应用于随机过程模型中。最重要的是，一旦得到新的观测状态信息，滤波模型能够更新参数估计和剩余寿命预测，实现在线实时预测。为实时估计退化漂移状态，利用基于贝叶斯法则的在线滤波算法，通过与状态空间模型相结合达到递推预测的作用。

为表述方便，从 0 到 t_k 时刻的历史退化数据表示为 $X_{1:k} = \{x_1,x_2,\cdots,x_k\}$，历史退化漂移状态表示为 $\lambda_{0:k} = \{\lambda_0,\lambda_1,\cdots,\lambda_k\}$。在第 k 个监测点时，得到如下先验知识：条件概率分布$(\lambda_k \mid \lambda_{k-1}) \sim N(\lambda_{k-1},\varepsilon^2)$，$(x_k \mid \lambda_{k-1},X_{1:k-1}) \sim N(x_{k-1}+\lambda_{k-1}\tau_k,\sigma^2\tau_k)$以及前一状态的估计分布$(\lambda_{k-1} \mid X_{1:k-1}) \sim N(\hat{\lambda}_{k-1},p_{k-1})$。

在 t_k 时刻通过状态估计，退化漂移状态的概率密度函数可根据贝叶斯法则得到，表示为

$$f(\lambda_k|X_{1:k})=\sqrt{\frac{\sigma^2+p_{k-1}\tau_k}{2\pi(\sigma^2 p_{k-1}+\varepsilon^2 p_{k-1}\tau_k+\varepsilon^2\sigma^2)}}\exp\left(-\frac{\left(\lambda_k-\dfrac{\sigma^2\hat{\lambda}_{k-1}+p_{k-1}(x_k-x_{k-1})}{\sigma^2+p_{k-1}\tau_k}\right)^2}{2\dfrac{\sigma^2 p_{k-1}+\varepsilon^2 p_{k-1}\tau_k+\varepsilon^2\sigma^2}{\sigma^2+p_{k-1}\tau_k}}\right)\tag{6-41}$$

因此，当 $k>1$ 时，$(\lambda_k|X_{1:k})$服从正态分布$(\lambda_k|X_{1:k})\sim N(\hat{\lambda}_k,p_k)$，其中均值 $\hat{\lambda}_k=\dfrac{\sigma^2\hat{\lambda}_{k-1}+p_{k-1}(x_k-x_{k-1})}{\sigma^2+p_{k-1}\tau_k}$，方差 $p_k=\dfrac{\sigma^2 p_{k-1}+\varepsilon^2 p_{k-1}\tau_k+\varepsilon^2\sigma^2}{\sigma^2+p_{k-1}\tau_k}$。

当 $k=1$ 时，由先验知识$(\lambda_1|\lambda_0)\sim N(\lambda_0,\varepsilon^2)$，$(x_1|\lambda_0)\sim N(\lambda_0\tau_1,\sigma^2\tau_1)$及 $\lambda_0\sim N(a_0,P_0)$，可得退化漂移的第一次迭代为

$$f(\lambda_1|x_1)=\sqrt{\frac{\sigma^2+P_0\tau_1}{2\pi(\sigma^2 P_0+\varepsilon^2 P_0\tau_1+\varepsilon^2\sigma^2)}}\exp\left(-\frac{\left(\lambda_k-\dfrac{\sigma^2 a_0+P_0(x_1-x_0)}{\sigma^2+P_0\tau_1}\right)^2}{2\dfrac{\sigma^2 P_0+\varepsilon^2 P_0\tau_1+\varepsilon^2\sigma^2}{\sigma^2+P_0\tau_1}}\right)\tag{6-42}$$

因此，由于 $x_0=0$，所以 $(\lambda_k|x_1)$服从正态分布$(\lambda_k|x_1)\sim N(\hat{\lambda}_1,p_1)$，其中均值 $\hat{\lambda}_1=\dfrac{\sigma^2 a_0+P_0x_1}{\sigma^2+P_0\tau_1}$，方差 $p_1=\dfrac{\sigma^2P_0+\varepsilon^2P_0\tau_1+\varepsilon^2\sigma^2}{\sigma^2+P_0\tau_1}$。

综上所述，在 t_k 时刻，退化漂移状态的分布$(\lambda_{k-1}|X_{1:k-1})\sim N(\hat{\lambda}_k,p_k)$可进行更新，其中

$$\hat{\lambda}_k=\begin{cases}\dfrac{\sigma^2\hat{\lambda}_{k-1}+p_{k-1}(x_k-x_{k-1})}{\sigma^2+p_{k-1}\tau_k} & k>1\\[2ex] \dfrac{\sigma^2 a_0+P_0x_1}{\sigma^2+P_0\tau_1} & k=1\end{cases}\tag{6-43}$$

$$p_k=\begin{cases}\dfrac{\sigma^2 p_{k-1}+\varepsilon^2 p_{k-1}\tau_k+\sigma^2\varepsilon^2}{\sigma^2+p_{k-1}\tau_k} & k>1\\[2ex] \dfrac{\sigma^2P_0+\varepsilon^2P_0\tau_1+\sigma^2\varepsilon^2}{\sigma^2+P_0\tau_1} & k=1\end{cases}\tag{6-44}$$

根据先验分布和当前退化监测量，每当一个新的退化监测量出现时，更新其后验分布，即可实现实时更新退化漂移状态的分布函数。

每检测到下一时刻的性能退化数据，都会更新 Wiener 过程参数，进而更新剩余寿命的概率密度函数和累积分布函数，假定当前时刻为 t_k，未来的维修时刻为 t_r^k，则这一寿命周期的单位时间维修费用可表示为

$$C_r^k = \frac{c_p \bar{F}^k(t_r^k - t_k) + c_f F^k(t_r^k - t_k)}{\int_0^{t_r^k - t_k} \bar{F}^k(t)\,\mathrm{d}t + t_k} \tag{6-45}$$

式中：C_r^k 表示一个寿命周期的单位时间维修费用；c_p 表示预防性维修费用；c_p 表示故障后维修费用；$F^k(t)$ 表示 t 时刻产品剩余寿命的累积分布函数，且 $\bar{F}^k(t)=1-F^k(t)$。通过最小化式（6－45），得到未来最优的预防性维修时机 t_r^{k*}。

综上所述，保修期内基于 Wiener 过程的剩余寿命实时预测与维修决策算法总结如下：

（1）数据收集与预处理。收集监测数据，建立状态监测数据向量，同时对数据进行必要处理。

（2）参数估计。不考虑漂移系数服从正态分布时，基于式（6－33）和式（6－34）得到参数估计值，考虑漂移次数服从正态分布时，基于式（6－38）和式（6－39）得到参数估计值。

（3）状态估计与更新。利用状态空间模型得到系统当前的状态估计，并基于贝叶斯法则的在线滤波算法，实现状态的更新。

（4）剩余寿命预测与动态维修决策。得到剩余寿命的概率密度函数和累积分布函数的解析表达式，实现剩余寿命的实时预测与更新，同时依据式（6－45）得到未来最优的预防性维修时机。

（5）循环。每获取一个监测数据，重复步骤（1）～（4）。

6.5　案例分析

为开展保修期内预测维修决策案例研究，构建了行星变速箱实验台。作为装备机械系统中的关键传动部件，变速箱具有结构紧凑、体积小、噪声低、传动效率高、传动比精确等优点，广泛应用于装备机械传送系统中，但行星变速箱通常在低速重载环境下运行，其关键部件如太阳轮、行星轮、齿圈和行星架容易出现磨损、疲劳裂纹和变形等故障。而行星变速箱的运行状态直接关系到传动系统甚至整个装备的工作性能，一旦发生故障，就可能造成严重的经济性和安全性后果。本案例开展变速箱全寿命退化过程实验，通过案例验证提出的基于 Wiener 过程的剩余寿命预测方法的有效性，并进一步讨论基于变速箱剩余寿命预测结果制定保修期内维修决策的问题。

6.5.1　实验设置

行星变速箱实验台主要电机、转速转矩传感器、行星变速箱、磁粉制动器等主要部件构成。实验台的各主要部件同轴安装于基座上，部件与部件之间通过联轴器连接，如图 6 – 2 所示。实验过程中动力源为电磁调速电机（型号为 YCT180 – 4A），额定功率为 4kW；转速转矩传感器（型号为 JN338）用于采集实验过程中行星变速箱输入轴的转速与转矩信号；磁粉制动器（型号为 FZJ – 5）为行星变速箱提供负载，可通过 SC – 1D（3A）负载控制器控制电流大小来调节磁粉制动器的负载值。

实验用行星变速箱（型号为 NGW11）为单级变速箱，由 1 个太阳轮、3 个行星轮和 1 个齿圈组成，具体结构如图 6 – 3 所示，其关键参数如表 6 – 1 所示。

图 6－2　行星变速箱实验台

1—磁粉制动器；2—行星齿轮箱；3—转速转矩传感器；4—电机；5—底座；6—联轴器。

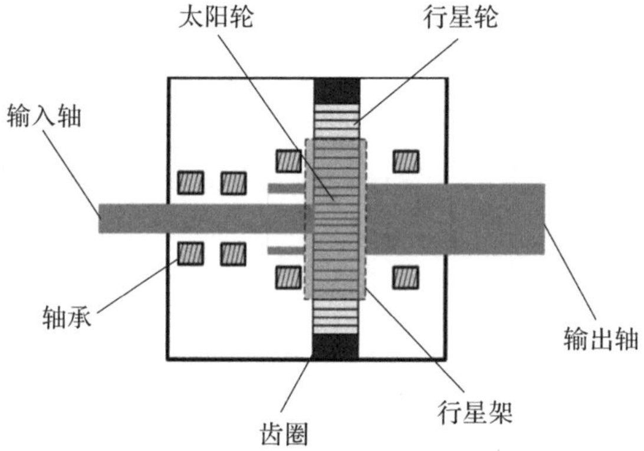

图 6－3　行星变速箱结构

表 6－1　行星变速箱关键参数

主要部件	太阳轮	行星轮	齿圈	转速比
齿数	13	64	146	
个数	1	3	1	12.5

在实验过程中，为获取更全面的振动数据，在行星变速箱壳体上布置了 4 个振动加速度传感器，其中传感器 1 和传感器 2 分别位于输入端水平方向和垂直方向，传感器 3 和传感器 4 分别位于壳体顶部垂直方向和轴向方向。各传感器具体安装位置如图 6－4 所示。

图 6－4　传感器位置

行星变速箱性能退化实验中工况参数为：行星变速箱输入轴的转速为 1000r/min，在实验中转速存在上下波动，但幅度较小；输出端磁粉制动器负载电流为 1A，对应的行星变速箱负载约为 340N · m。

6.5.2　退化数据采集

行星变速箱在运行过程中各部件（尤其是旋转部件）会出现裂纹、磨损和变形等现象，这些均可作为表征行星变速箱性能退化过程的指标。随着工作时间的增长，各部件退化程度会逐渐增加，从而导致部件间的啮合逐渐失去平衡，由此引起的接触面弹性冲击会使行星变速箱振动强度和特征发生变化。因此，振动信号中包含了系统性能退化信息，通过处理就可以用来反映行星变速箱退化过程。

行星变速箱性能退化实验中，振动信号的采样参数为：采样频率为 20kHz，单次采样持续时间为 1s，采样间隔为 5min。在第 954h，行星变速箱箱体产生了较为强烈的抖动和噪声，此时认为行星变速箱故障。将行星变速箱拆开后观察，发现行星变速箱主要齿轮已经出现了不同程度的齿面磨损，如图 6－5 所示。

选取振动信号的均方根值表征系统退化，主要是因为系统的退化可能会导致振动信号的频率成分发生变化，例如产生新的频率分量或原有频率

图 6-5 行星变速箱主齿轮磨损程度

分量的幅值变化，均方根（RMS）值能够捕捉到这些变化，因为它考虑了信号中所有频率分量的能量。图 6-6 展示了四个传感器全寿命振动信号的均方根值随着时间的变化情况，从中可以直观地得到，变速箱振动信号均方根值随着全寿命实验监测时间的推移而逐步增大，说明实验变速箱振动也不断加剧。通过均方根表征系统性能退化趋势良好，可以进行后续剩余寿命预测研究。

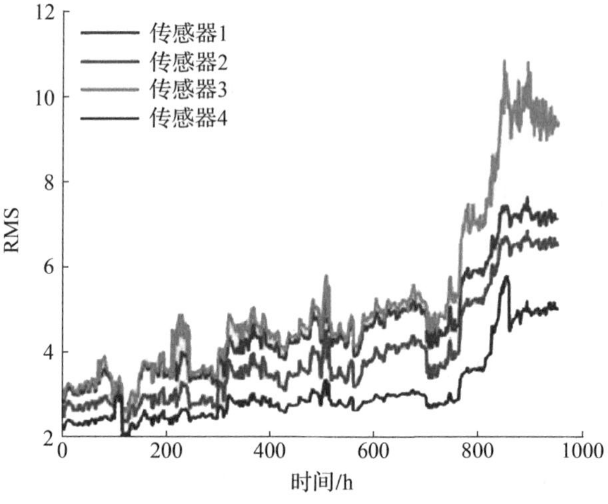

图 6-6 传感器全寿命振动信号均方根值

6.5.3 剩余寿命预测

核主成分分析（Kernel Principal Component Analysis，KPCA）是一种非线性降维技术，它是主成分分析（PCA）的扩展。PCA 是一种线性降维方法，它通过提取数据的主要线性成分来进行降维。然而，PCA 无法有效地处理非线性数据。KPCA 通过引入核技巧，将原始数据映射到一个高维特征空间，在这个高维空间中执行 PCA，从而能够捕捉到数据中的非线性结构。采用 KPCA 方法将四个振动传感器信号融合并进行归一化，KPCA 方法的核函数选择多项式核。运用局部加权回归散点平滑（Locally Weighted Scatterplot Smoothing，LOESS）方法对加噪信号进行平滑处理以便作为 Wiener 过程的输入，LOESS 方法的带宽设置为 100。经过以上处理，变速箱全寿命振动信号的均方根曲线如图 6－7 所示。

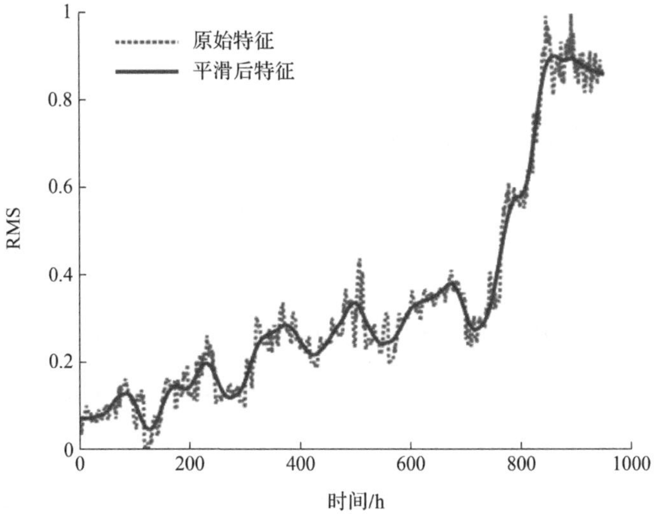

图 6－7　降维及平滑后的变速箱全寿命振动信号均方根曲线

将故障阈值设定为 $w=0.9$，为突出本章所提出的非线性 Wiener 过程的优势，分别运用三个不同的 Wiener 过程模型进行剩余寿命预测：M1，线性 Wiener 过程模型不考虑漂移系数服从正态分布；M2，线性 Wiener 过程模型考虑漂移系数服从正态分布；M3，非线性 Wiener 过程模型不考虑漂移系数服从正态分布。设置非线性结构为 $\Lambda(t;\xi)=t^q$。M3 为本章所提方法。

为了直观地比较三种不同的维纳过程模型在变速箱剩余寿命预测上的性能，对三种模型的表现进行评分，借鉴 PHM2012 预测挑战赛的方法，使 $ActRUL_i$ 和 $\widehat{RUL}_i$ 分别代表剩余寿命的真实值和预测值，模型第 i 次的预测误差百分比可以表示为

$$\% Er_i = 100 \times \frac{ActRUL_i - \widehat{RUL}_i}{ActRUL_i}$$

对剩余寿命的预测存在低估和高估两种情况，低估是指 $\widehat{RUL}_i$ 小于 $ActRUL_i$，此时 Er_i 大于 0，高估是指 $\widehat{RUL}_i$ 大于等于 $ActRUL_i$，此时 Er_i 小于等于 0。对剩余寿命的高估可能会造成预防性维修的迟滞，导致装备故障等较为严重的后果，因此对剩余寿命的低估和高估两种情况的评分函数不同：

$$A_i = \begin{cases} \exp^{-\ln(0.5)\cdot(Er_i/5)}, & Er_i \leqslant 0 \\ \exp^{+\ln(0.5)\cdot(Er_i/20)}, & Er_i > 0 \end{cases}$$

所有 RUL 估计的最终分数为所有点剩余寿命预测分数的平均值：

$$\text{Score} = \frac{1}{K}\sum_{i=1}^{K}(A_i)$$

其中，K 代表总预测点的数量。

将变速箱前 400h 的测量值作为训练集，用于得到漂移系数和扩散系数的参数估计值。M1 方法中漂移系数和扩散系数的更新过程如图 6－8 所示，最终得到漂移系数为 5.3×10^{-4}，扩散系数为 2.44×10^{-4}。

从 400h 到 950h，每隔 50h 做一次剩余寿命预测，不同预测点的剩余寿命预测结果如图 6－9 所示。通过图 6－9 可以看出，M1 方法倾向于对剩余寿命高估，特别是在 700h 之前，这主要是因为线性 Wiener 过程无法很好地捕捉变速箱退化的非线性特征。通过图 6－7 可以看出，变速箱在第 700h 开始经历加速退化的过程，线性 Wiener 过程没有捕捉到这一变化导致预测前期对剩余寿命的高估。

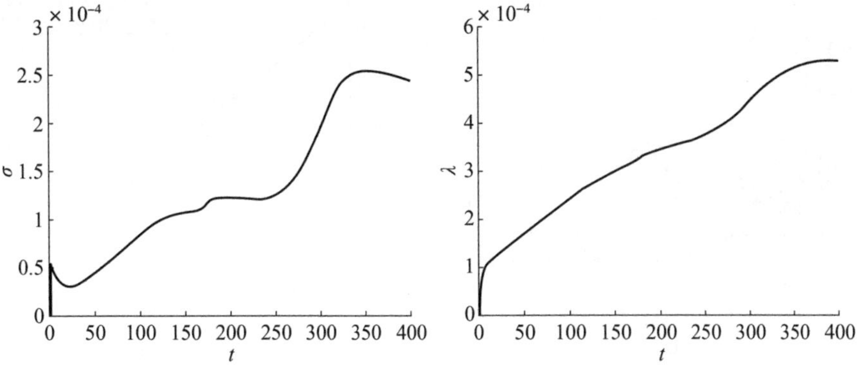

(a) 扩散系数　　(b) 漂移系数

图 6－8　M1 方法中扩散系数和漂移系数更新过程

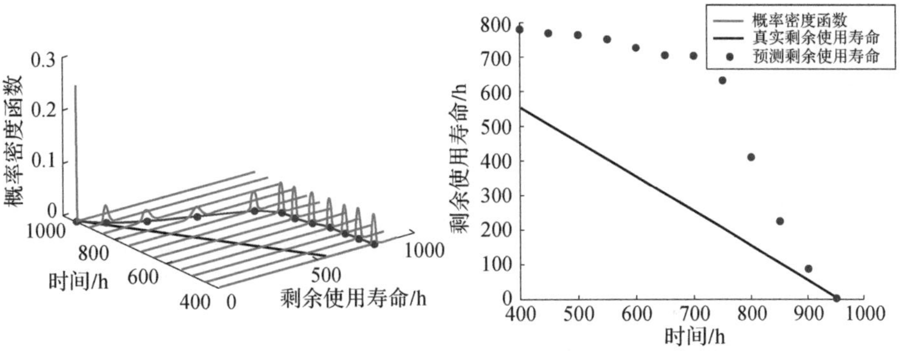

(a) 三维图　　(b) 二维图

图 6－9　M1 方法不同预测点剩余寿命预测结果

通过 M2 方法最终得到漂移系数均值为 5.29×10^{-4}，标准差为 4.6×10^{-3}，扩散系数为 2.44×10^{-4}。不同预测点的剩余寿命预测结果如图 6－10 所示。通过图 6－10 可以看出，M2 方法在第 750h 之前基本处于失效状态，这说明正态分布假设可能过度简化了实际的退化机制。不考虑这一假设可能更能反映系统的真实退化行为，从而在预测剩余寿命时提供更好的性能。

通过 M3 方法最终得到漂移系数为 3.19×10^{-8}，扩散系数为 4.91×10^{-6}。不同预测点的剩余寿命预测结果如图 6－11 所示。图 6－11 中剩余寿命概率密度函数曲线的变化显示，随着退化程度的加剧和退化数据的累

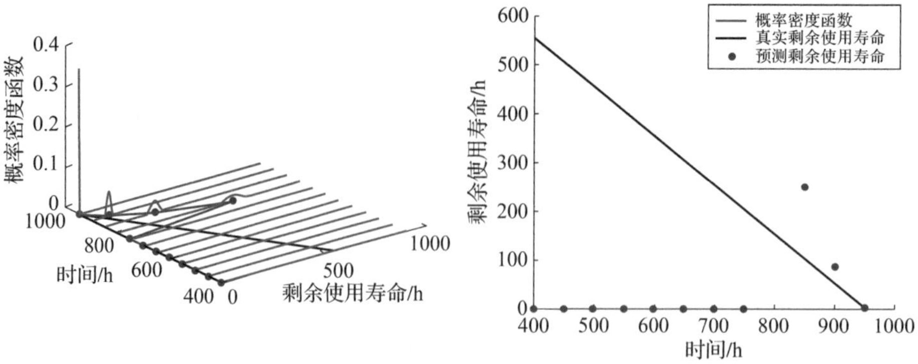

(a) 三维图　　(b) 二维图

图 6 – 10　M2 方法不同预测点剩余寿命预测结果

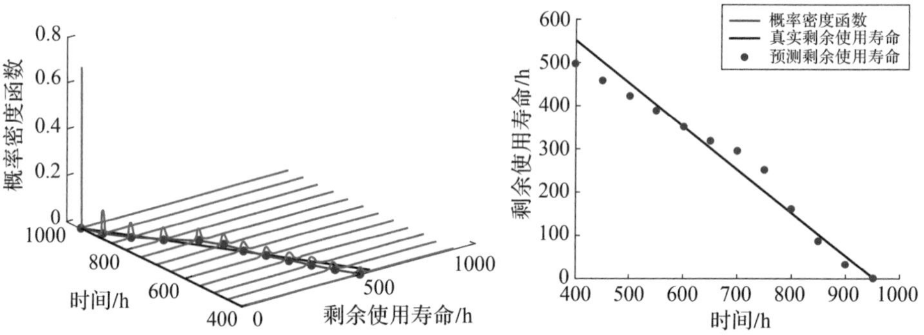

(a) 三维图　　(b) 二维图

图 6 – 11　M3 方法不同预测点剩余寿命预测结果

积，剩余寿命的概率密度函数曲线逐渐靠近 X 轴左侧，而且曲线变得越来越窄，其分布值相对集中。表明随着监测时间的推移，变速箱剩余寿命逐渐减小，剩余寿命预测的误差及不确定性逐渐降低，预测精度逐渐提高。

表 6 – 2 展示了 M1、M2 和 M3 在变速箱剩余寿命预测性能上的对比，可以看出，M3 得到的剩余寿命分布比 M1 和 M2 能够更好地涵盖真实剩余寿命。同时结合图 6 – 9 ~ 图 6 – 11，可以看出 M3 得到的剩余寿命分布更高、更窄，说明 M3 预测值的不确定性更小，剩余寿命预测的置信度高，这对于基于剩余寿命预测信息的维修决策活动具有重要意义，在 PHM 管理决策中尤其重要。

表 6 – 2 M1、M2 和 M3 在变速箱剩余寿命预测性能上的对比

方法	指标	预测点												Score
		400	450	500	550	600	650	700	750	800	850	900	950	
M1	$ActRUL_i$	554	504	454	404	354	304	254	204	154	104	54	4	0.04
	$\widehat{RUL}_i$	782	771	765	753	727	705	704	632	411	225	87	3	
	$\% Er_i$	−41.2	−52.9	−68.5	−86.4	−105.4	−131.9	−177.2	−209.8	−166.9	−116.4	−61.1	25	
M2	$ActRUL_i$	554	504	454	404	354	304	254	204	154	104	54	4	0.06
	$\widehat{RUL}_i$	0.0012	0.0091	0.0019	0.0014	0.0095	0.0081	0.0034	0.0061	566	250	86	3	
	$\% Er_i$	100	100	100	100	100	100	100	100	−267	−140	−59	25	
M3	$ActRUL_i$	554	504	454	404	354	304	254	204	154	104	54	4	0.5
	$\widehat{RUL}_i$	498	458	423	388	352	319	296	252	163	87	32	1	
	$\% Er_i$	10.1	9.1	6.8	4	0.6	−4.9	−16.5	−23.5	−5.8	16.3	40.7	75	

6.5.4 动态维修决策

变速箱预防性维修费用 c_p 为1000，故障后维修费用 c_f 为20000。当变速箱运行至第400h时，通过式（6－45）得到在未来第456h时对变速箱进行预防性维修可以使单位时间维修费用最低，为1.17，如图6－12（a）所示。当变速箱运行至第500h时，通过式（6－45）得到在未来第383h时对变速箱进行预防性维修可以使单位时间维修费用最低，为1.13，如图6－12（b）所示。当变速箱运行至第600h时，通过式（6－45）得到在未来第315h时对变速箱进行预防性维修可以使单位时间维修费用最低，为1.09，如图6－12（c）所示。

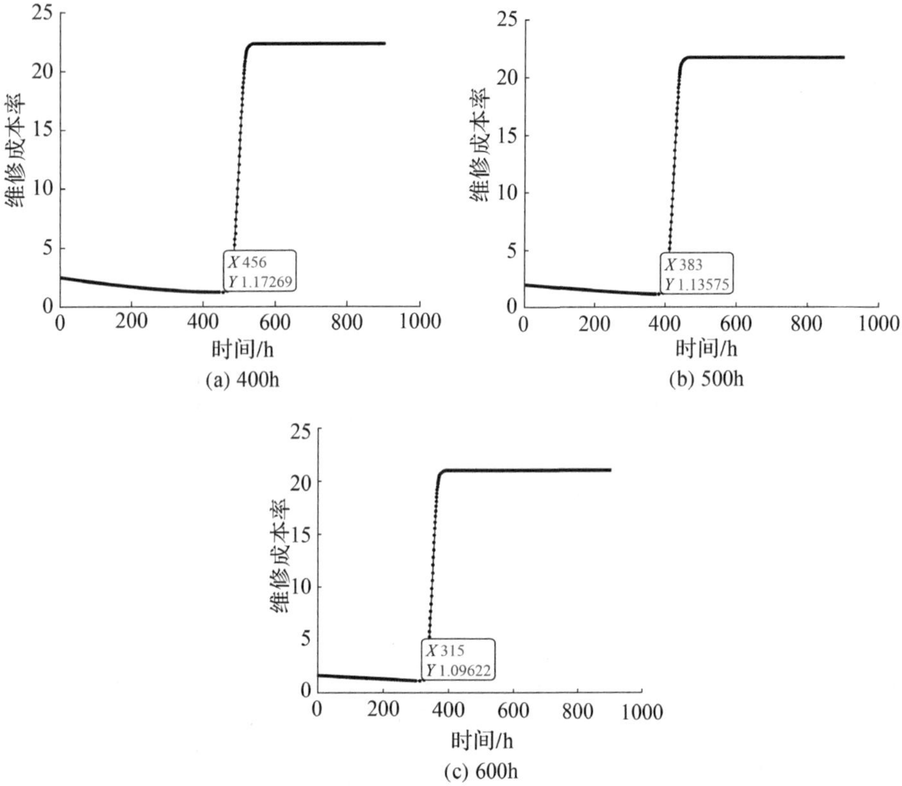

(a) 400h　(b) 500h　(c) 600h

图6－12　变速箱运行不同时长时未来最优维修时机

图 6－13 展示了变速箱运行 400h、500h 和 600h 时的历史退化轨迹、未来预测轨迹及未来最优维修时机。可以看出，随着新监测数据的不断采集，装备未来最优维修时机也在动态更新，证明了本章所提出的方法能够有效实现变速箱动态预测性维修，为保修期内装备预测维修的开展提供了技术手段与方法支撑。

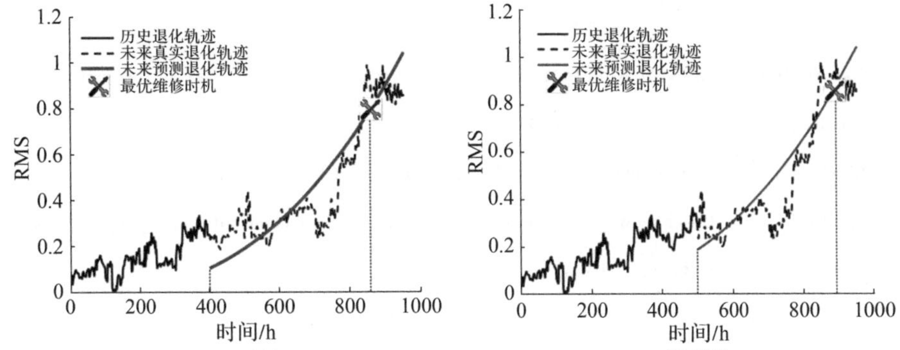

(a) 400h　(b) 500h　(c) 600h

图 6－13　变速箱运行不同时长时历史退化轨迹、未来预测轨迹及未来最优维修时机示意

参考文献

[1] Nguyen D G, Murthy D N P. Cost analysis of warranty policies [J]. Naval Research Logistics Quarterly, 1984, 31 (4): 525 - 541.

[2] Blischke W. Product warranty handbook [M]. Boca Raton: CRC Press, 1995.

[3] Murthy D N P, Blischke W R. Warranty management and product manufacture [M]. New York: Springer Science & Business Media, 2006.

[4] Reiff S K. The effects of warranty legislation on procurement [R]. Monterey: Naval postgraduate school, 1994.

[5] 曹山鹰. guarantee 同 warranty 的区别 [J]. 英语知识, 1997, 5: 48 - 49.

[6] Djamaludin I, Murthy D N P, Kim C S. Warranty and preventive maintenance [J]. International Journal of Reliability, Quality and Safety Engineering, 2001, 8 (2): 89 - 107.

[7] 胡昌华, 樊红东, 王兆强. 设备剩余寿命预测与最优维修决策 [M]. 北京: 国防工业出版社, 2018.

[8] Park M, Pham H. Cost models for age replacement policies and block replacement policies under warranty [J]. Applied Mathematical Modelling, 2016, 40 (9 - 10): 5689 - 5702.

[9] 熊律, 王红. 风险视角下的动车组部件多级非完全维修策略 [J]. 中国机械工程, 2021, 32 (4): 399 - 406.

[10] Drent C, Kapodistria S, Resing J A C. Condition - based maintenance policies under imperfect maintenance at scheduled and unscheduled opportunities [J]. Queueing Systems, 2019, 93 (3 - 4): 269 - 308.

[11] Park M, Jung K M, Park D H. Optimal post - warranty maintenance policy with repair time threshold for minimal repair [J]. Reliability Engineering and System Safety, 2013, 111: 147 - 153.

[12] He Z, Wang D F, He S G. Two - dimensional extended warranty strategy including maintenance

level and purchase time: A win - win perspective [J]. Computers and Industrial Engineering, 2020, 141: 106294.

[13] Park M, Jung K M, Park D H. Optimal warranty policies considering repair service and replacement service under the manufacturer's perspective [J]. Annals of Operations Research, 2016, 244: 117 - 132.

[14] Yeh R H, Chen G C, Chen M Y. Optimal age - replacement policy for non - repairable products under renewing free - replacement warranty [J]. IEEE Transactions on Reliability, 2005, 54 (1): 92 - 97.

[15] Huang H Z, Liu Z J, Murthy D N P. Optimal reliability, warranty and price for new products [J]. IIE Transactions, 2007, 39 (8): 819 - 827.

[16] Goyal N, Ram M, Kumar A. Reliability measures and profit exploration of windmill water - pumping systems incorporating warranty and two types of repair [J]. Mathematics, 2021, 9 (8): 822.

[17] 杨艳姝. 基于延迟时间的检测保修建模与优化 [D]. 石家庄: 石家庄铁道大学, 2019.

[18] Yeo W M, Yuan X M. Optimal warranty policies for systems with imperfect repair [J]. European Journal of Operational Research, 2009, 199 (1): 187 - 197.

[19] Park M, Jung K M, Park D H. Optimization of periodic preventive maintenance policy following the expiration of two - dimensional warranty [J]. Reliability Engineering and System Safety, 2018, 170: 1 - 9.

[20] Zheng R, Zhou Y F. Comparison of three preventive maintenance warranty policies for products deteriorating with age and a time - varying covariate [J]. Reliability Engineering and System Safety, 2021, 213: 107676.

[21] 王谦, 程中华, 白永生, 等. 不完全预防性维修条件下保修决策模型研究 [J]. 兵器装备工程学报, 2019, 40 (10): 166 - 169.

[22] 姜国, 胡飞. 带保修期产品的预防维修建模分析 [J]. 数学杂志, 2009, 29 (4): 546 - 550.

[23] Wu J, Xie M, Adam Ng T S. On a general periodic preventive maintenance policy incorporating warranty contracts and system ageing losses [J]. International Journal of Production Economics, 2011, 129 (1): 102 - 110.

[24] Yeh R H, Lo H C. Optimal preventive - maintenance warranty policy for repairable products [J]. European Journal of Operational Research, 2001, 134 (1): 59 - 69.

[25] Gao W K. Optimal sequential preventive maintenance policy for a repairable system with maintenance

windows [J]. Proceedings of the Institution of Mechanical Engineers, Part C: Journal of Mechanical Engineering Science, 2020, 234 (4): 963 - 977.

[26] Mobley R K. An Introduction to predictive maintenance [M]. 2nd ed. New York: Butterworth - Heinemann Press, 2002.

[27] 周林，赵杰，冯广飞．装备故障预测与健康管理技术 [M]．北京：国防工业出版社，2015.

[28] Yang G. Environmental - stress - screening using degradation measurements [J]. IEEE Transactions on Reliability, 2002, 51 (3): 288 - 293.

[29] Jonge B D, Teunter R, Tinga T. The influence of practical factors on the benefits of condition - based maintenance over time - based maintenance [J]. Reliability Engineering and System Safety, 2017, 158: 21 - 30.

[30] Komijani H R, Shahin M, Shahin M B, et al. Condition - based maintenance considering shock and degradation processes [J]. Decision Science Letters, 2017, 6 (2): 151 - 164.

[31] 吴建忠，何海龙，陈志兵，等．维修思想发展综述 [J]．装备指挥技术学院学报，2003，14 (3): 20 - 23.

[32] Murthy D N P, Djamaludin I. New product warranty: A literature review [J]. International Journal of Production Economics, 2022, 79 (3): 231 - 260.

[33] Ye Z S, Murthy D N P. Warranty menu design for a two - dimensional warranty [J]. Reliability Engineering & System Safety, 2016, 155: 21 - 29.

[34] Luo M, Wu S. A mean - variance optimisation approach to collectively pricing warranty policies [J]. International Journal of Production Economics, 2018, 196: 101 - 112.

[35] Wang X, He K, He Z, et al. Cost analysis of a piece - wise renewing free replacement warranty policy [J]. Computers & Industrial Engineering, 2019, 135: 1047 - 1062.

[36] Lu Z, Shang J. Warranty mechanism for pre - owned tech products: Collaboration between e - tailers and online warranty provider [J]. International Journal of Production Economics, 2019, 211: 119 - 131.

[37] Wang J, Zhou Z, Peng H. Flexible decision models for a two - dimensional warranty policy with periodic preventive maintenance [J]. Reliability Engineering & System Safety, 2017, 162: 14 - 27.

[38] Chen T, Popova E. Maintenance policies with two - dimensional warranty [J]. Reliability Engineering & System Safety, 2002, 77 (1): 61 - 69.